二维材料的制备及其在能源存储领域的应用研究

杨应昌 著

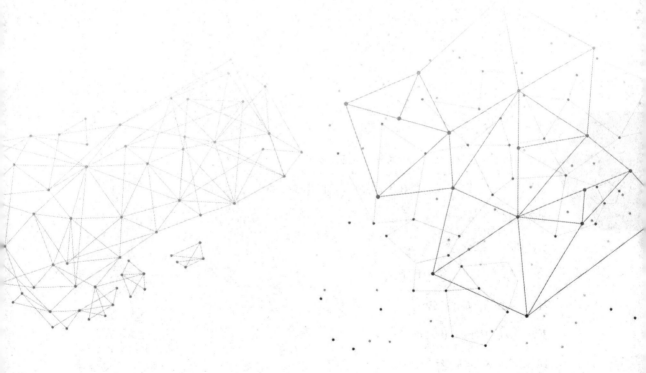

中国原子能出版社

图书在版编目（ＣＩＰ）数据

二维材料的制备及其在能源存储领域的应用研究 ／ 杨应昌著．
-- 北京 ：中国原子能出版社，2019.9（2021.9重印）

ISBN 978-7-5221-0081-4

Ⅰ．①二… Ⅱ．①杨… Ⅲ．①纳米材料－材料制备②纳米材料－应用－能量贮存－研究 Ⅳ．① TB383 ② TK02

中国版本图书馆 CIP 数据核字（2019）第 218705 号

二维材料的制备及其在能源存储领域的应用研究

出版发行：中国原子能出版社（北京市海淀区阜成路 43 号　100048）

责任编辑：张书玉

责任印刷：潘玉玲

印　　刷：三河市南阳印刷有限公司

经　　销：全国新华书店

开　　本：787mm×1092mm　　1/16

印　　张：8.75　　**字　数：**155 千字

版　　次：2019 年 9 月第 1 版　　2021 年 9 月第 2 次印刷

书　　号：978-7-5221-0081-4　　　　　　　　**定　　价：**50.00 元

网址： http://www.aep.com.cn　　　　　　　 E-mail: atomep123@126.com

发行电话：010-68452845

前　言

在当下这个现代工业发展如此快速的时代，社会对能源的需求量与日俱增，能源短缺和环境破坏等现象日益严峻。为了解决不断恶化的环境问题，开发环保廉价、制备简单、可大批量生产、资源丰富且可再生的新型储能材料，成为社会各领域研究的热点课题。由于石墨烯的出现，二维材料因其独有的物理和化学性质得到了科研人员的极大关注。所以，笔者对二维材料进行研究，深入探索其在能源存储领域的巨大潜能，实现二维材料对能源存储领域的促进作用。

本书共分五章，对二维材料的制备及其在能源存储领域的实践进行研究。第一章简要介绍了二维材料理论知识。第二章介绍二维分级纳米碳材料的性能，与高比容量材料的制备及储锂性能探索。第三章探讨石墨烯的制备及其在能源存储领域的表现。第四章剖析硬碳材料的制备及其在储钠领域的性能。第五章为二维金属氧化物基纳米材料的制备。

本书的内容是通过制备不同种类环境友好型的二维材料，以缓解我国能源匮乏的问题，为能源存储提供更多的研究方向，拓展二维材料在能源存储领域的发展前景。

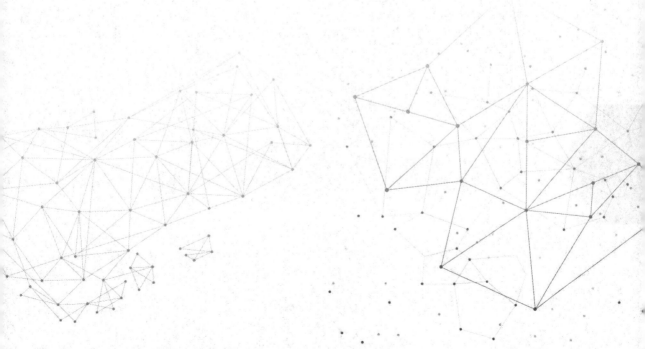

目　录

第一章 二维材料理论知识

第一节 二维材料简介

一、纳米材料概述

（一）纳米材料的定义

纳米材料是指三维空间尺寸中，至少有一维处于纳米尺度范围（1 ~ 100 nm），或由它们作为基本结构单元所构成的新型材料。根据组成纳米材料原子的排列有序程度和对称性，可把纳米结构材料分为：长程有序的纳米晶态材料、短程有序的纳米非晶态材料、只有取向对称性的准晶态材料等。根据小颗粒键合的形式，可以把纳米结构材料分为纳米金属结构材料、纳米离子导体材料、纳米半导体材料以及纳米陶瓷材料等。另外，根据空间维数也可以把纳米结构材料分为三类：

1. 零维，指在空间三维尺度均在纳米范围，如纳米颗粒、原子团簇、人造超原子、纳米尺寸的孔洞等；

2. 一维，指在空间有两维处于纳米尺度范围，如纳米管、纳米带、纳米棒、纳米线等；

3. 二维，指在三维空间中有一维在纳米尺度，如纳米片、纳米网、超薄膜等。

因为这些单元往往具有量子性质，所以对零维、一维和二维的基本结构单元，又分别有量子点、量子线和量子胼之称。

（二）纳米材料的特性

在纳米材料中，由于纳米粒子的尺寸较小，界面原子所占的比例较大，界面部分的微结构，既与长程有序的晶态不同，也和短程有序的非晶态不同。所以纳米结构材料具有与常规块体材料不同的结构和性质。因此，在描述纳米结构材料时，需要考虑的因素有：纳米颗粒的尺寸、原子组态或价键组态、界面的形态、颗粒内和界面的缺陷种类、数量及组态、颗粒内和界面的化学组成、杂质元素的分布等。这些特殊的性质导致纳米结构材料宏观的电、磁、热、声、光、力学等的物理效应，与常规材料有所不同，体现为纳米材料表面效应、纳米材料小尺寸效应、纳米材料量子限制效应和纳米材料宏观隧道效应等。

1. 表面效应

在纳米结构材料中，纳米粒子的表面原子数占总原子数的比例较大，并且，随着纳米粒子尺寸的减小，比表面积的增加，表面暴露出的原子数目急剧增大，从其颗粒尺寸与表面原子数的关系中可以看出，颗粒尺寸 10 nm 时，颗粒中含有的总原子数约 30 000，表面原子数占 20%；颗粒尺寸 4 nm 时，颗粒中含有的总原子数约 4 000，表面原子数占 40%；颗粒尺寸 2 nm 时，颗粒中含有的总原子数约 250，表面原子数占 80%；颗粒尺寸 1 nm 时，颗粒中含有的总原子数约 30，表面原子数比例已达到 99%，此时的原子几乎全部集中到纳米粒子表面。这些表面效应对纳米材料的性质有重要的影响。此外，纳米颗粒的表面界面上存在着大量缺陷，这些缺陷在很大程度上影响甚至决定了纳米材料的性能，这也促使人们对纳米材料的表面界面结构和性质、表面修饰进行广泛而深入的研究。从而导致纳米微粒表面原子输运和构型的变化，这就是纳米粒子的表面效应。

表 1-1 颗粒直径、总原子数和表面原子数之间的关系

纳米颗粒尺寸 /nm	包含的原子数	表明原子所占的比例 /%
10	3×10^4	20
4	4×10^3	40
2	2.5×10^2	80
1	30	99

2. 小尺寸效应

随着纳米颗粒尺寸的逐渐变小，在一定条件下会引起性质的突然转变。在纳米颗粒中，由于颗粒尺寸变小所引起的宏观物理性质变化，称为纳米材料的小尺寸效应。纳米颗粒中由于尺寸变小、表面积变大所引起的熔沸点降低，以及电学性能、光学性能和催化等性能的突变，必然会出现一些有趣的现象。比如，金属纳米颗粒（铜、银、金、铂等）对光的吸收显著增强，并产生吸收峰的等离子共振频率偏移，磁有序态向磁无序态开始转变，从超导相向正常相的转变，声子谱发生改变。还有像氧化铁等具有强磁性的纳米材料，当纳米颗粒的尺寸为单磁畴临界尺寸时，具有很高的矫顽力，可以做成磁性信用卡、磁性钥匙等，广泛地用于电声器件、润滑、选矿等领域。又比如，块状金的熔点为 1 063 ℃，随着粒径降低，熔点也大大下降，2 nm 金颗粒的熔点即降至 330 ℃。可见，随着微粒尺寸的降低，物质的性质得到很大的改善，从而拓宽了其应用领域，为冶金工业带来方便。此外，利用等离子共振频率随颗粒尺寸变化的性质，可以通过改变颗粒尺寸，制造出宽带吸收特性的微波吸收纳米材料，用于电磁波屏蔽、隐形飞机制造等。

3. 量子限制效应

当纳米颗粒的尺寸下降到某一值时，费米能级附近的电子能级由准连续变为离散能级的现象，和纳米半导体微粒能隙变宽的现象统称为量子限制效应。量子限制效应产生的最直接影响就是纳米材料吸收光谱的边界移动。这是由于在半导体纳米晶体粒子中，光照产生的电子和空穴不再自由，它们之间存在库仑作用，形成类似于宏观晶体材料中激子的电子–空穴对。由于空间的强烈束缚，可使激子吸收峰、带边和导带中更高激发态，均相应向短波移动（蓝移），并且电子–空穴对的有效质量越小，电子和空穴受到的影响越显著，吸收阈值就越向更高光子能量偏移，量子限制效应也更加显著。

量子限制效应不仅导致了纳米材料的光谱性质发生变化，同时也使半导体纳米微粒产生大的光学三阶非线性响应。此外，量子尺寸效应带来的能带隙变宽，使半导体纳米微粒的氧化还原能力增强，因此使得纳米材料具有更优异的光电催化性能。

4. 宏观量子隧道效应

量子物理学中，把微观粒子能够穿过比它动能更高能垒的物理现象，称为隧道效应。这种量子隧道效应（即微观体系借助于一个经典被禁阻路径，从一个状态改变到另一个状态的通道），在宏观物体中，当满足一定条件时，也可能存在。它与量子尺寸效应都将会是未来电子器件、光子器件的基础，更确切地说，它确立了目前微电子元件的进一步微型化的极限，当微电子元件需要进一步微型化时，要考虑上述的量子效应。近年来的研究发现，有些宏观物理量，比如颗粒的磁化强度以及量子相干元件中的磁通量等，均表现出一定的隧道效应，称之为宏观的量子隧道效应。比如，在制造半导体集成电路时，当电路的尺寸与电子波长相近时，电子就会通过量子隧道效应而自动溢出器件，使电子器件处于故障状态，停止工作，现在研制的量子共振隧穿晶体管，就是利用量子隧道效应制成的更安全的电子器件。

5. 介电限域效应

在半导体纳米材料的表面，当修饰一层介电常数较小的其他介质时，被包覆的纳米材料中，电荷载体的电力线较易穿过这层包覆膜，因此，屏蔽效应减弱，同时，带电微粒间的库仑力也增强，就增加了激子的结合能和振子对介电限域效应的影响。

这五种效应是纳米材料的基本特性。其中，最基本的是表面效应以及量子尺寸效应，这两种效应使得纳米材料在光学、电学、力学、催化等方面具有很好的性质，为纳米材料在磁存储材料、发光材料等方面的应用奠定了理论基础。

二、二维材料介绍

（一）二维材料的定义

广义上，二维材料可定义为某一维度的长度远小于另外两个维度，面内具有足够强度并且能够独自支撑的材料的统称。二维材料在某两个维度上，原子的排列方式、化学键的强度是相近的，且在这两个维度上，原子排列密度、化学键强度要远强于第三个维度。

（二）二维材料的性质

相比于其他维数的材料，二维材料具有许多独有的性质。

1. 较大的比表面积

二维材料的表面原子比更高，且随着二维材料厚度的减少表面原子比增加，在单原子层材料中表面原子比达到最大值。

2. 大量配位不饱和的表面原子

在催化反应中并不是所有的表面原子都能参与反应，催化活性位点主要是暴露在反应介质中的表面原子。由于配位不饱和的原子周围缺少原子的限制而变得更为活跃，反应物一般倾向于在不饱和配位的原子处吸附和活化，与此同时，不饱和配位原子与反应物分子之间产生的悬挂键提升了对反应物分子的吸附能力。相比于体相材料，二维材料有较短的径向晶格周期，因此不饱配位和原子的比例较高。

3. 原子厚度的平面结构

当体相材料厚度降低到原子层时，可得到具有不同电子结构的二维材料。电子态密度会由于材料表面的变形而增加，较高的电子态密度利于载流子在材料内部的高速迁移。这一性质使得二维材料在催化反应中具有很大的应用潜力。二维材料中的电子和空穴能够高速传输并且快速到达反应位点，能够有效防止电子和空穴的再次复合，从而表现出良好的光催化性能。

4. 良好的液相分散性

最常用的制备二维材料的方法，是通过在水溶液中剥离块材，该方法所制得的二维材料在水中也具有良好的分散性。利用二维材料这一特性可以在特定溶液中，以其为前驱体制备复合催化剂，并对所制备的催化剂进行进一步的表面和界面设计。二维材料能够固定所负载的活性金属纳米颗粒，从而提升催化剂的催化稳定性。

5. 确定的暴露晶面

单层二维材料表面即是某一特定的晶面。即便是多层二维材料，二维材料底部和顶部所暴露出的晶面仍是该二维材料的主导晶面,而不同的晶面在催化反应过程中所起的催化作用不同,可通过调控载体暴露晶面对催化剂进行设计,这为复合材料表面设计提供了良好的基础。

第二节 二维材料合成方式及其用途概述

一、二维材料的合成方法

(一)机械剥离法

自用胶带将高质量的单层石墨烯剥离出来以后,机械剥离法被广泛地用于制备二维纳米材料,例如 BN、MoS_2、$NbSe_2$ 以及 $Bi_2Sr_2CaCu_2O_x$。机械剥离法适用于具有特殊层状结构的材料,最早用于制备超薄二维材料方法是微机械剥离法,该方法过程复杂、制备材料厚度不均并且产量低,极大地限制了该方法的实际应用。后来发明的高速剪切机械剥离法,为其进一步应用提供了一个良好的材料基础,但仍然不能满足实际催化过程的需求。

(二)外延生长法

外延生长法即在特定的单晶基底上,生长出单层或者多层的与基底具有相同晶向的材料,而且该方法主要用于合成石墨烯。然而这种制备方法有相应的弊端,比如制备条件苛刻、较小的产物尺寸、厚度不均匀等,导致该制备方法的应用范围比较小。

(三)化学气相沉积法

化学气相沉积法是一种能够制备高品质超薄二维无机材料的技术,多用来制备金属硫属化合物、具有类似石墨烯层状结构的材料。化学气相沉积法是将原料以气态的形式导入到反应室内,然后反应物在高温条件下在基底表面发生反应,产物以薄膜的形式沉积在基底上,高质量的单晶样品常常用此方法合成,如制备高质量的二维纳米片 MoS_2 等。利用这种方法制备的样品具有表面积大、厚度均一、缺陷少等特点,非常适合用于制备微型纳米器件。化学气相沉积法制备法所需温度比较高,而且对基底材料要求较高,因此,此方法制备成本较高,而且产量少,重复性也比较差,因此无法实现规模化应用。

(四)水热合成法

该方法是在水热反应釜中通过水热处理过程,将合成纳米粒子原位沉积在基底表面。利用氯化锡和硫脲作为锡源和硫源,以水为溶剂,氧化石墨烯为基底,通过水热法合成

SnS_2/graphene 复合材料，该材料具有良好的电池性能。

（五）液相超剥离法

层状化合物与特定的溶剂在超声辅助下相互作用，克服层间的相互作用力（范德华力），在此过程中二维纳米片的表面能降至最小，因此二维纳米片能够稳定地分散在溶剂中，液相超剥离法被广泛应用于其他二维纳米片的制备，如 MoS、MoSe、WS_2、$NbSe_2$、$TaSe_2$、$NiTe_2$、$MoTe_2$、石墨烯等。液相超剥离法成本低、产量高而且绿色环保，可以针对不同的化合物选择合适的溶剂来大批量制备二维纳米片。

（六）"自下而上"化学合成法

1.自组装合成法：自组装合成法是指通过范德华力、共轭键等较弱的相互作用力，将基团、分子、离子、原子等基本结构单元聚集形成具有稳定有序结构的材料。如二维超薄纳米片 Fe、Co、Ni 的金属硫属化合物、CdTe 二维纳米片。自组装合成法对材料的结构特性没有特殊要求，因此被广泛用于非层状的二维纳米片，如 PbS 和 Co_9Se_8 纳米片。

2.取向连接合成法：以暴露特定晶面的基本结构单元为基底，通过络合剂调控作用等，有取向地与基底相互连接形成二维纳米材料，并且该方法制备的二维材料所暴露出来的晶面与基底一致。

3.模板法：模板法是一种制备具有特殊结构材料的重要方法，利用模板的空间限域作用与结构导向作用，来调控材料的形貌、尺寸和结构，以获得相应的材料。例如以氧化石墨烯作为模板，在环己烷和乙醇混合溶剂中原位合成具有单原子厚度的金纳米片。

二、二维材料在催化领域的应用

（一）二维材料在电催化上的应用

析氧和析氧反应的电催化效率取决于反应过程中的过电位，降低电化学反应过电位可提升催化剂的电催化效率。在电催化反应过程中催化剂的催化活性，主要受材料的比表面积、电子传导能力以及稳定性影响。由于无机二维超薄材料缺失一个维度，表面结构通常会扭曲，电子结构也会有所变化，这利于电荷的快速转移。同时二维材料超大的比表面积和超薄的厚度导致二维结构的大部分原子都会暴露，从而大大增加了反应的空间和催化位点，并且超薄的厚度利于电解液的渗透和电子的传递，从而可以在很大程度上加快电催化反应的速率，进而有效地改善催化剂的电催化效率。

石墨烯具有较高的电子传导性能，同时其较大的比表面积能够防止活性位点的团聚，进而能够提升催化剂在反应过程中的催化活性与稳定性。以石墨烯为基底的二维碳氮材料如 g-C_3N_4@Carbon，相比于商用的铂碳催化剂具有良好的 ORR 性能。利用超声制备出具有单层厚度的 NiCo 双氢氧化合物也表现出良好的电催化产氧活性，而且随着 NiCo 双氢氧化合物厚度的减小电流密度提高，并在单层时达到最大，然而随着 NiCo 双氢氧化合物厚度的改变，NiCo 双氢氧化合物的比表面积变化却不大，说明 NiCo 双氢氧化合物的比表面积的改变不是提升其催化活性的原因，而是随着 NiCo 双氢氧化合物厚度的减小，NiCo 双氢氧化合物上低配位的原子更多暴露，从而提供更多的活性位点，进而提升其催化活性。

MoS_2 具有三角棱镜型层状结构，而这种结构存在着明显的晶层，且具有不饱和的边缘结构。这种不饱和的边缘结构能够作为活性位点并在表现出良好的 HER 催化活性。较高的交换电流密度使 MoS_2 具有良好的催化还原性能，在电催化析氢方面具有很大的应用潜力。通过化学插层法利用锂离子制备出 1T-MoS_2，1T-MoS_2 有优异的 HER 催化性能，并且其 HER 催化性能优于贵金属催化剂 Pt。利用超声剥离制备的二维 MoN 纳米片，该超薄二维纳米片在 300mV 过电位下电流密度提高了 35 倍，远远超过其块材的电催化产氢活性，并且具有良好的稳定性，经过 3000 次循环后催化活性基本不变。主要是超薄 MoN 纳米片上的活性位点基本完全暴露，更多地参与反应，与此同时 MoN 纳米片的超薄厚度能够使电子快速转移，从而改变反应过程中的化学反应动力。

（二）二维材料在光催化上的应用

在光催化反应中，催化效率主要依赖于催化剂的光吸收和利用效率。催化剂吸收的光越多、相应产生的光生电子空穴对就越多，即更多的电子空穴对参与降解反应，催化剂的催化效率也就越高，超薄二维材料具有超大的比表面积，而这一优势利于光生电子空穴对的快速转移，因而超薄二维材料作为光催化剂有很大的应用潜力。

将超薄二维 WO_3 纳米片用于催化转化 CO_2 成 CH_4 的反应中，其催化性能具有良好的稳定性，块材本身并没有催化还原 CO_2 的能力，当 WO_3 纳米片的厚度降到一定程度后便有了催化还原 CO_2 的能力，主要源于其超薄的厚度所造成的尺寸效应，增大了 WO_3 纳米片的带隙。以异丙醇为溶剂，利用超声剥离的厚度为 2nm 的 C_3N_4 薄片的光催化产氢性能是其块材的 10 倍，其主要原因也是超薄的 C_3N_4 片具有较大的比表面积且导电性能增加，从而加快了电子的转移，从而取得了良好的光催化性能。

催化剂不同晶面上的原子类型以及原子排列方式是不同的，因此催化剂不同晶面的催化性能也是不同的。而二维纳米片的厚度较小并且平面尺寸足够大，可通过特殊的制备方法暴露特定的晶面，以提升催化剂的催化性能。通过调节 pH 值制备的厚度为 3nm 的超薄 Bi_2WO_6 纳米片，主要暴露（001）晶面，该晶面具有优异的催化性能，与 Bi_2WO_6 纳米盘相比具有更好的光催化性能。

（三）二维材料在其他催化领域的应用

以二维的 $MgAl_2O_4$ 为载体，将 $Ni/MgAl_2O_4$ 作为甲烷化重整催化剂，通过 Le Chatelier 原理实现了超级甲烷化重整。在这个反应中氧载体 $Fe_2O_3/MgAl_2O_4$ 将 CH_4 氧化为 CO_2 和 H_2O，同时 Fe_2O_3 被还原成 Fe。CaO/Al_2O_3 在反应中作为 CO_2 吸收剂形成 $CaCO_3$，随后 $CaCO_3$ 分解成 CaO 和 CO_2，CO_2 被 Fe 还原成 CO，同时 Fe 被氧化成 Fe_2O_3。相比于传统的甲烷化重整反应，超级甲烷化重整有更高的 CO 产率，并且不污染环境，有很大的应用前景。

利用乙二胺辅助制备的 SnO_2 纳米片，具有 5 个原子厚度，在 CO 氧化反应过程中表现出了良好的催化活性。该 SnO_2 纳米片因为有超薄的厚度，因此 40% 的原子暴露在表面，并且暴露在表面的 Sn 原子为 4 配位，其对于反应物 CO 和 O_2 的吸附能力远高于内部 6 配位的原子，吸附在表面低配位原子 Sn 上的 CO 与 SnO_2 纳米片上相邻的表面 O 原子反应生成 CO_2，与此同时 Sn^{4+} 被还原成 Sn^{2+}，造成 SnO_2 纳米片表面氧缺陷，从而导致 SnO_2 纳米片带边态密度增加，促进 CO 分子在 SnO_2 纳米片上快速转移，加快反应速率。反应过程中所产生的缺陷以及 SnO_2 纳米片的超薄厚度降低了反应能垒，不仅降低了反应温度，而且该催化剂具有良好的稳定性。

（四）二维材料作为基底制备单原子催化剂及其应用

在很多催化反应中贵金属催化剂表现出了良好的催化活性及选择性，然而活性组分颗粒的大小很大程度上决定了催化效率。在催化反应中低配位的金属原子是主要的活性位点，并且催化剂上活性组分低配位原子的数目随着催化剂尺寸的降低逐渐增加，因此催化剂的催化活性也随之增加。随着活性金属组分颗粒粒径的降低，催化剂表面产生更多的活性位点，催化剂的活性金属组分颗粒的使用效率迅速增加。催化剂颗粒尺寸的降低到极限情况即单原子催化剂（SAC），贵金属催化剂原子的使用效率最高，然而随着催化剂活性组分颗粒尺寸的降低，金属颗粒的表面能迅速增加，在反应过程中易造成催化剂原子团聚成簇。因此在单原子催化剂的制备过程中需要能够有效地固定住催化剂原子并防止其团聚的基底材料。

二维材料以其巨大的表面积，在作为催化剂载体方面具有很大的优势，而且二维材料表面与贵金属原子之间的相互作用还可以进一步调节催化剂原子的电子结构，从而提高其催化活性。

相比于传统的基底材料，二维材料作为基底具有诸多优点。二维材料具有较大的比表面积，可以负载更多的催化剂原子，而且二维材料通常具有皱褶结构，在催化反应中这些皱褶可以增强活性组分与基底的连接能力。例如在石墨烯表面沉积金属 Ir 时发现沉积的 Ir 团簇在石墨烯表面呈周期性分布，且其金属团簇主要于莫尔单胞的 hcp 位置成核，主要在采用外延生长法制备的石墨烯表面会有 fcc 以及 hcp 类型的低势能活性周期结构，这些低势能活性周期结构可以金属团簇的成核中心，从而使金属团簇在石墨烯上周期性分布，而且所形成的金属团簇尺寸以及空间分布都比较均匀。实验室制备的二维材料通常含有空穴、边界等缺陷位置，这些缺陷可作为活性组分金属的成核位置，而且这些缺陷处和催化剂活性组分之间通常形成较强的共价键，从而固定住催化剂颗粒，有效地防止了活性金属组分颗粒在反应过程中的团聚与烧结。

二维材料具有优异的电子性能，跨越了绝缘体、半导体以及金属。因此通过选择不同的二维材料作为基底，我们可以选择不同的二维材料作为基底来调节基底与催化原子之间的电子交互作用，从而调节催化剂的催化活性以及选择性。如以石墨烯为基底制备单原子催化剂，首先利用高能原子 / 离子轰击石墨烯人为地制造出空位，然后再用特定的原子去填补这些空位，从而制备出单原子催化剂，由于金属原子与基底之间较强的化学键，因此催化剂在反应过程中具有良好的稳定性。

二维材料的研究自单层石墨烯被成功制备出来之后，进入一个突飞猛进的时代，二维材料以其特有的性质被广泛应用于电催化，多相催化以及单原子催化中，在未来的催化领域二维材料将会有更广阔的前景。由于现在在基底上制备单原子催化剂时需要人为地创造出空位，然而在实验中可控的形成有序且分布均匀的单空位非常困难，因此在基底上制备出有序且分布均匀的单原子催化剂仍是面临着巨大的挑战。

第二章 二维分级纳米碳材料的制备及其在能源存储领域研究

第一节 二维分级纳米碳材料性能剖析

一、二维分级纳米碳材料研究背景

传统制备二维纳米碳材料的方法有化学气相沉积法、牺牲硬模板法、软模板法、化学剥离法等。这些方法一般工序复杂、耗时耗能，且碳的产率并不高。因此，开发环境友好型方法制备二维纳米碳迫在眉睫。提升二维纳米碳材料的比表面积、优化其孔径分布、对碳材料进行杂元素掺杂，均可以提升碳材料比容量和倍率性能。

镁铝层状双金属羟基化合物（MgAl–LDH）是由带正电荷的金属氢氧化物片层和嵌入层间的阴离子组成的，它的化学式为 $Mg^{2+}_{1-y}Al^{3+}_{y}(OH)_2(X^{n-})_{y/n}\cdot mH_2O$，其中 $y=0.1\sim0.34$，$m=1\sim3_{y/2}$，X^{n-} 代表 n 价的负离子。从结构来讲，由于三价的铝取代了二价的镁的位置，MgAl–LDH（简写为 LDH）层带正电，为了保持电荷平衡，其层间吸附着带有负电荷的阴离子。LDH 的结构中 M^{2+} 代表 Mg^{2+}，M^{3+} 代表 Al^{3+}。因为这种独特的性质，LDH 可以利用阴离子交换作用吸附带负电荷的阴离子染料。LDH 廉价、容易制备、可以较大规模地生产。LDH 在空气中煅烧得到的产物，镁铝层状双金属氧化物（MgAl–LDO，简写为 LDO），在水中可以再水化重构成 LDH。因此 LDO 可以用来吸附废水中的有机阴离子染料。LDO 被煅烧时，层间的阴离子（通常是 CO_3^{2-}）分解；LDO 在水化重构时可以吸附水中的阴离子染料的分子以实现电中性。

橙黄Ⅱ（Orange Ⅱ）是一种常见的工业染料，有毒且在水中难降解，直接排放会造成水污染。其化学式为 $C_{16}H_{11}N_2NaO_4S$。在水溶液中 $C_{16}H_{11}N_2O_4S^{-1}$ 基团带一个单位的负电荷，可以被 LDH 或者 LDO 吸收。橙黄Ⅱ分子中包含 N 和 S 元素，在碳化过程中，这些杂元素原位掺杂在碳骨架中。由于有机物分解和模板的去除，最后得到的纳米碳具有多孔结构。

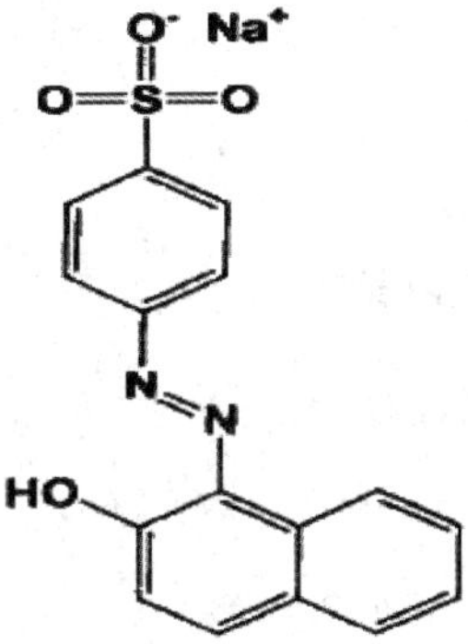

图 2-1 Orange Ⅱ分子结构

利用镁铝层状双金属经基化合物（Mg-Al LDH）做模板，以污水中的有机染料污染物橙黄Ⅱ（Orange Ⅱ）作为碳源，制备了一种由二维亚单元组成的二维分级纳米碳材料。利用扫描电子显微镜（SEM）、激光拉曼光谱仪（Raman）、透射电子显微镜（TEM）、X 射线光电子能谱仪（XPS）、比表面积分析仪、X 射线粉末衍射仪（XRD）等研究了这种纳米碳材料的形貌、结构与组成；对这种分级碳材料的生长机理做了初步研究。电化学测试表明，所得二维分级纳米碳材料具有优异的储锂性能。

二、实验部分

（一）实验原料

实验所用到的实验原料的种类、纯度及生产厂家如表所示。

表 2-1 所用药品名称、纯度以及生产厂家

药品名称	纯度	生产厂家
九水合硝酸铝（Al（NO₃）₃·9H₂O）	分析纯	麦克林
六水合硝酸镁（Mg（NO₃）₂·6H₂O）	分析纯	麦克林
尿素（CO（NH₂）₂）	分析纯	麦克林
橙黄Ⅱ（Orange Ⅱ）	>85%	麦克林
盐酸（HCl）	37%	天津大茂
氢氧化钠（NaOH）	97%	麦克林
氩气（Ar）	99.999%	深圳创蓝天公司
锂片（Li）	99.9%	天津中能锂业
电解液	分析纯	东莞杉杉
铜箔（Cu）	工业级	深圳科晶
Super P	电池级	深圳科晶
聚丙烯隔膜（（C₃H₆）ₙ）	工业级	美国 Celgard
N- 甲基吡咯烷酮（C₅H₉NO，NMP）	分析纯	国药
无水乙醇	化学纯	国药

材料制备过程中用到的设备有：油浴加热器（巩义予华）、管式炉（合肥科晶）、循环水式真空泵（巩义予华）、冻干机（北京四环科学仪器厂）、真空烘箱（上海精宏）、马弗炉（合肥科晶）。

（二）二维分级纳米碳材料的制备

二维分级纳米碳材料具体的制备流程如下：

1. 将 12.82 g Mg（NO$_3$）$_2$·6H$_2$O 和 90.09 g CO（NH$_2$）$_2$ 加入装有 500 mL 去离子水的圆底烧瓶，充分搅拌使其溶解；再往溶液中加入 9.38 g Al（NO$_3$）$_3$·9H$_2$O，充分搅拌使其溶解。然后将反应体系放入油浴内，100 ℃下保温 12 h，同时进行机械搅拌；之后将温度调至 94 ℃，静置 12 h。将上述反应所得的白色悬浮液真空抽滤，再将滤饼冻干，得到样品 MgAl–LDH（简写做 LDH）。

2. 将 LDH 放置在马弗炉中，在空气中以 1 ℃/min 的速率升温至 550 ℃，然后保温 2 h。冷却至室温后机械研磨，得到白色产物 MgAl–LDO（简写为 LDO）。

3. 在圆底烧瓶中加入 250 mL 水和 0.6 g Orange Ⅱ，通氩气 30 min 以驱除水中的二氧化碳。然后加入 1 g LDO，搅拌 48 h 使 Orange Ⅱ 被充分吸收（持续通氩气）。然后将所得的悬浮液真空抽滤、洗涤，取出滤饼、冻干，得到水化重构的 LDH 和 Orange Ⅱ 混合物，命名为 RLDH/O–Ⅱ。

4. 将 RLDH/O–Ⅱ 置于石英管式炉中，在 Ar 环境中以 2 ℃/min 的速度加热至 800 ℃，然后保温 2 h，自然降温后取出黑色样品。

5. 将黑色产物分别用 6 mol/L 的 HCl 和 NaOH 在 60 ℃下刻蚀 6 h，然后将抽滤、洗涤。最后将所得样品冻干，得到二维分级纳米碳材料（2D–HCA）。

为了验证 LDH 模板对产物结构与形貌方面作用，将 Orange Ⅱ 在和第 4 步、第 5 步相同的条件下碳化和清洗，得到对比样 C–O–Ⅱ。

（三）样品结构表征所用的仪器及其型号

扫描电子显微镜（SEM，ZEISS SUPRA 55）用来表征实验所得产物以及反应中间物的微观形貌。透射电子显微镜（TEM，JEM–2100F）用来表征样品的微观结构。X 射线粉末衍射仪（XRD，Rigaku D/max 2500/PC，铜靶，λ =1.5418 Å）用来表征样品的物相。激光拉曼光谱仪（Raman，HORIBA LabRAM HR Evolution，所用激发光波长为 532 nm）用来测定碳材料的拉曼光谱。样品的比表面积测定和孔径分析用全自动比表面积分析仪（Micromeritics ASAP 2020）完成。X 射线光电子能谱仪（XPS，ESCALAB 250X）用来测定碳材料的元素组成与含量。

（四）二维分级纳米碳材料的储锂性能测试

为了测试二维分级纳米碳的储锂性能，第一步是制备电极：将所得碳材料、聚偏氟乙烯（PVDF）和导电碳（Super P）按照质量比为 7 ∶ 2 ∶ 1，磁力搅拌 0.5 h 混合，然后将以上粉体分批加入适量 NMP 中，磁力搅拌 3 h 后得到混合浆料。用四棱简易涂膜器将所得浆料均匀地涂覆在铜箔的哑面，涂布厚度是 150 μm。然后将涂覆有浆料的铜箔转移到真空烘箱中，首先在 55 ℃ 干燥 2 h，再在 100℃ 干燥 10 h。烘干后将其冲成直径 12 mm 的电极片，极片上活性物质负载量等于极片总重量减去同等大小的未涂布的铜箔质量。

第二步是纽扣组装电池：在充满氩气的手套箱中，依次按照放置负极壳→不锈钢片→锂片→电解液→隔膜→电解液→电极片→不锈钢片→弹簧垫片→正极壳的顺序组装电池。其中微孔聚丙烯作为锂电池隔膜，1M LiPF$_6$ 溶解在 EC ∶ DMC=1 ∶ 1（v/v）中形成的溶液作为电解液，两次滴加电解液的量都大致为 20 μL。

第三步是电池测试：使用电池测试仪（武汉蓝电 CT 2001A）测试电池的循环性能和倍率性能；使用电化学工作站（上海辰华 CHI 660E）测试循环伏安曲线（CV 曲线），扫描速度为 0.2 mV/s。所有电化学测试均在 0.005 ~ 3 V 的电压区间内进行。

三、结果与讨论

（一）样品的形貌与结构分析

LDH 和 LDO 的形貌都大致为正六边形纳米盘。LDH 表面光滑，尺寸较为均匀，纳米盘的直径约为 2.2 μm，厚度大约是 50 nm；LDO 的直径和厚度与 LDH 相比没有明显的变化；由于煅烧和机械研磨，LDO 形貌与 LDH 相比较为粗糙。

通过透射电子显微镜进一步确认了 LDH 和 LDO 的正六边形结构。选区电子衍射（SAED）表明 LDH 具有单晶结构。LDO 的选区电子衍射与 MgO 的衍射点阵相吻合。

将 LDH 和 LDO 的 X 射线粉末衍射结果与标准 X 射线粉末衍射卡片库比对，可以确认 LDH 的分析结果与 PDF#51-1525 相吻合。因此可以称 LDH 为六方 Mg$_4$Al$_2$（OII）$_{12}$CO$_3$·3H$_2$O，其中 Mg 和 Al 的摩尔比为 2，与前驱体中摩尔比相符。LDO 的分析结果和 PDF#65-0476 符合，这确认了 LDO 中含有 MgO。这一结果分别与 LDH 和 LDO 的选区电子衍射结果相符合。需要注意的是，LDO 的 X 射线粉末衍射结果中并没有出现含铝物质的衍射峰，这与以前报道的结果相一致。可能是因为 LDO 中的 Al$_2$O$_3$（或者其他物质）为无定型状态，具体原因需要进一步实验验证。

通过所得二维分级纳米碳材料（2D-HCA）的形貌可以看出，利用模板法所制备的纳米碳具有纳米盘状结构，纳米盘之间没有发生团聚和堆叠。2D-HCA 较为完整地复制了 LDH 模板的正六边形纳米盘结构，六边形的直径约为 2 μm。有趣的是，在正六边形片上均匀地生长着许多小尺寸的碳纳米片。这些小碳纳米片的大小约为 100 nm，厚度约为几纳米。相邻的碳纳米小片围成了直径几十纳米的孔，这些孔可以存储电解液，增强电解液对电极材料的浸润。正六边形纳米片（二维结构）和小尺寸碳纳米片（二维结构）组成了分级二维结构，这种分级的二维纳米结构可以有效防止纳米碳材料的团聚与堆叠，可以保证储锂性能得到最好的发挥。

我们使用低倍透射电子显微镜进一步验证了 2D-HCA 的正六边形分级盘状结构。六边形纳米盘的厚度大约为 100 nm，整个 2D-HCA 的厚度大约为 250 nm。从高倍透射电子显微镜中可以看出，碳纳米小片尺寸大约为 100 nm，由相邻碳纳米片围成的孔直径大约为几十纳米，这一结果与扫描电子显微镜的结果吻合。该区域对应的选区电子衍射结果揭示了 2D-HCA 石墨化程度低的性质。高分辨透射电子显微镜（HRTEM）显示，这些碳纳米片厚度约为 3 nm，它们是由 7 到 9 层石墨化的碳组成，因此这些小碳片是类石墨烯纳米片。

2D-HCA 的 X 射线粉末衍射结果中 23° 和 44° 处的宽化峰分别与石墨的（002）面和（100）面的衍射峰相对应，表明 2D-HCA 具有部分石墨化结构。通过计算可得，2D-HCA 的 R 值为 2.27，表明 2D-HCA 微观结构中存在大量无序堆积的纳米碳。拉曼光谱主要有两个峰出现，一个是 1 586 cm^{-1} 附近对应的 G 峰，另一个是 1 345 cm^{-1} 附近对应的 D 峰。G 峰是碳材料 sp^2 结构对应的特征峰，D 峰与碳材料中的缺陷有关。两个拉曼峰强比 I_D/I_G=0.96，表明 2D-HCA 中存在着大量缺陷。

2D-HCA 的 BET（Brunauer-Emmett-Teller）比表面积高达 1363 m^{2}g^{-1}。超高的比表面积可以提供足够的电解液——电极材料接触表面供 Li$^+$ 离子富集，这利于提升锂电池的比容量。通过 DFT（density functional theory）理论计算得到的孔径分布说明，2D-HCA 结构中既有微孔（尺寸集中在 0.7 nm、1.4 nm 和 2 nm），又有介孔（尺寸集中在 4 nm 和 10 nm）。这表明 2D-HCA 有层次化分布的孔结构（分级孔）。微孔是由于有机物分解而形成，介孔的形成主要归因于模板的去除。微孔提供丰富的储锂位点，介孔可以促进电解液中 Li$^+$ 离子的快速传输。X 射线光电子能谱仪测试结果表明，2D-HCA 中除了碳元素之外，还有 O、N、S 元素。C 1s，O 1s，N 1s 和 S 2p 的含量分别为 86.13%，9.83%，1.95% 和 2.90%。C 1s 的高分辨分析结果可以被拟合成四个峰：284.6 eV 对应的 C-C/C=C 峰，285.6 eV 对应的 C-N 峰，286.9 eV 对应的 C-O 峰和 289.1 eV 对应的 C=O 峰。N 1s 的高分辨分析结果可以被拟合成三个峰：398.5 eV 处吡啶 N 的峰，400.3 eV 处吡咯 N 的峰以及 401.3 eV 处石墨型 N 的峰。S 2p 的高分辨分析结果可以被拟合成三个峰：163.8 eV 对应的 -C-S- 峰，164.9 eV 对应的 -C=S- 峰和 168.1 eV 对应的 -SO$_n$- 峰（n=1，2，3）。X 射线光电子能谱仪（XPS）分析结果表明 sp^2 杂化的碳骨架中存在着大量的缺陷，与拉曼光谱分析结果相吻合。N 和 S 源于 Orange Ⅱ 分子，在高温碳化过程中，有机分子中的 N 和 S 原子原位地掺杂在碳骨架中。这些杂原子可以调节碳骨架中电荷分布、提升碳的导电性。同时也可以创造丰富的电化学活性位点，利于提高比容量。

TEM 元素利用 mapping 法进一步验证了 2D-HCA 的 N、S 共掺杂特性，S、N 两种杂元素均匀地分布在 2D-HCA 的碳骨架中。

从有机染料 Orange Ⅱ 在相同条件下直接碳化后得到的样品的结构可以看出，Orange Ⅱ 的直接碳化产物（C-O-Ⅱ）的微观形貌是无规则的块状结构，尺寸从几十纳米到几十微米不等。这种结构与 2D-HCA 的结构相差巨大，表明 LDH 模板在二维分级纳米碳材料的制备过程中非常重要，对分级结构的形成起着决定性的作用。选区电子衍射分析结果表明，C-O-Ⅱ 的结构是部分石墨化的。高分辨透射电子显微镜中，C-O-Ⅱ 的结构中有大量小尺寸的孔存在；没有类石墨烯碳层可以被观察到。X 射线粉末衍射仪分析结果中，23°和 44°处的宽化峰分别与石墨的（002）面和（100）面的衍射峰相对应。与 2D-HCA 相比，C-O-Ⅱ 具有石墨化程度较高。通过计算可得，其 R 值为 3.13，高于 2D-HCA 的 R 值。这表明 2D-HCA 结构的无序化程度高于 C-O-Ⅱ。

C-O-Ⅱ 的 N_2 吸 / 脱附曲线和 C-O-Ⅱ 的孔径分布测试结果显示，C-O-Ⅱ 的比表面积为 509 m^2/g。通过 DFT（density functional theory）理论得到的孔径分布说明，C-O-Ⅱ 的孔主要在于 2 nm 以下，因此 C-O-Ⅱ 属于微孔碳材料。这些微孔主要来自有机物分解过程中产生的孔。通过对比发现，C-O-Ⅱ 的比表面积小于 2D-HCA，并且孔径分布单一、没有层次化分布的孔。

（二）二维分级纳米碳材料的制备机理

LDO 模拟吸收 O-Ⅱ 过程中溶液的颜色变化为，最初的 O-Ⅱ 溶液为深红色，吸附前处理是通氩气鼓泡搅拌 0.5 h。通氩气的目的是驱走水溶解的二氧化碳，因为碳酸根与 LDH 的层有较强的结合力，如果不驱走会影响吸附效率。然后加入 LDO 粉末，整个溶液的颜色变为亮红色。随着时间的推移，O-Ⅱ 不断地被吸附，整个溶液的颜色也逐渐变浅，48 h 后最终变为橙黄色。吸附后的溶液抽滤过程的光学照片显示，将吸附后的混合液转移至烧杯中 5 min 后，体系分层，上层为浅黄色上清液，下层为橙黄色固体。随后将混合液真空抽滤、用水反复洗涤。抽滤所得滤液为无色透明液体，没有橙黄色或者红色出现，证明 O-Ⅱ 完全被吸收。吸收比例为 LDO ： O-Ⅱ =5 ： 3（质量比）。

2D-HCA 是二维纳米盘 + 二维小纳米片构成的二维分级结构，而 LDH 模板是表面光滑的二维纳米盘。模板和产物之间存在着显著的差异。以下两组对比试验被设置以探究这种差异发生的原因：

1. 将 LDH 加入去离子水中搅拌 48 h，所有实验条件与 O- II 吸附试验相同；然后抽滤、冻干所得样品；用扫描电镜检测样品的微观形貌；

2. 检测将 O- II 被吸收所得到的样品的微观形貌。

LDO 在水中搅拌 48 h 后，被水化重构为 LDH（标记为 RLDH）。RLDH 的形貌与 LDH 和 LDO 的形貌均不同。原本平整的表面在水化重构之后变得不再平整：小纳米片生长在六边形纳米盘上构成了分级二维结构。在 O- II 被吸附后，所得样品（记为 RLDH/O- II）具有类似的分级二维结构。这表明，在吸附过程中，不仅发生了相变（LDO → RLDH），还发生了形貌变化（六边形纳米盘→分级二维结构）。最终碳材料的分级二维结构源于吸附过程中模板的形变。

由 RLDH/O- II 的 X 射线粉末衍射分析结果和 RLDH/O- II 碳化后样品的 X 射线粉末衍射分析结果可以看出，LDO 在水中吸附 O- II 后，得到的产物 RLDH/O- II 的峰主要包含 LDH 的峰和 O- II 的峰。这也从侧面印证了 LDO 的水化重构时的物相变化。RLDH/O- II 高温煅烧之后，得到的样品的 X 射线粉末衍射仪（XRD）分析结果中的峰主要包含 LDO 和碳的峰，证明在这个过程中 LDH 又转化成 LDO，同时 O- II 被碳化。

（三）二维分级纳米碳材料的储锂性能测试

2D-HCA 和 C-O- II 的储锂性能测试结果显示，在 2D-HCA 循环伏安曲线（CV）中，第一个循环 0.64 V 处的还原峰对应电解液分解、SEI 膜形成的过程。OV 附近的还原峰对应 Li^+ 离子嵌入 2D-HCA 石墨化层间的反应。0.2 V 和 1.2 V 处的氧化峰分别与 Li^+ 离子从碳材料的石墨化结构和孔的电化学活性位置脱出的过程相对应。在第一次以后的循环中，几乎重合 CV 曲线证明后续的储锂机制相同。第一次循环 0.64 V 处的还原峰在以后的循环中消失，表明第一次循环时发生不可逆反应。在 200 mA/g 的电流密度下充放电测试时，2D-HCA 的首次放电和充电容量分别为 3 277.6 mA·h/g 和 1 667.4 mA·h/g，首次库伦效率为 51%。首次循环中的容量损失主要来自 SEI 膜形成、Li^+ 离子在 2D-HCA 中微孔等位置的不可逆嵌入等。首次放电曲线中 1 V 到 0.6 V 的斜坡对应电解液分解、SEI 膜形成的过程；0.5 V 以下的斜坡对应 Li^+ 离子嵌入 2D-HCA 的石墨化结构的过程。尽管 2D-HCA 的首次库伦效率高于三维多孔石墨烯泡沫、由二维碳纳米片组成的中孔纳米棒等，这一参数依然有待优化。在第二次循环以后，2D-HCA 的库伦效率达到 91% 以上。充放电电流密度依次增加至 500 mA/g，1 000 mA/g，2 000 mA/g，5 000 mA/g 时，2D-HCA 的放电容量分别（取自每个电流密度的最后一个循环）为 931.5 mA·h/g，661.7 mA·h/g，507.7 mA·h/g，323.8 mA·h/g；当电流密度逐步减小到 200 mA/g 时，2D-HCA 的放电容量可以基本恢复到原先的水平（有略微降低）。然而 C-O- II 在 200 mA/g 时的初始充放电容量分别为 858 mA·h/g 和 346 mA·h/g；当电流密度依次增加至

500 mA/g，1 000 mA/g，2 000 mA/g，5 000 mA/g时，其容量逐渐减小到169.8 mA·h/g，114.6 mA·h/g，67.7 mA·h/g，30.3 mA·h/g。在200 mA/g电流密度进行循环性能测试时，100次循环之后，2D-HCA的可逆容量为950 mA·h/g，C-O-Ⅱ的可逆容量为291.5 mA·h/g。

2D-HCA和C-O-Ⅱ在大电流密度下的长循环测试电流密度为2 A/g。在前45个循环，2D-HCA的放电容量逐渐下降到566 mA·h/g；然后略有上升，在第400循环时达到748 mA·h/g；最后逐渐降低，在1 000次循环时容量为244 mA·h/g。而C-O-Ⅱ的放电容量从初始的177 mA·h/g逐渐下降到第1 000次循环的35 mA·h/g。

通过对比不难发现，2D-HCA的储锂性能远优于C-O-Ⅱ。这种优异的性能源于2D-HCA的大比表面积、特殊的二维分级结构、合理分布的孔径和在碳骨架原位掺杂的N、S杂原子。二维分级结构可以有效防止团聚和堆叠，保证了有效比表面积不受损失，缩短Li⁺离子的扩散路径。贯穿于整个2D-HCA的分级孔可以促进Li⁺离子的快速传输：大孔可以存储电解液，介孔可以传输Li⁺离子，微孔可以存储Li⁺离子。原位掺杂的N和S杂原子可以提升2D-HCA的导电性，同时可以创造丰富的电化学活性位点。因此，2D-HCA具有优异的储锂性能。

（四）循环后的电极材料分析

循环前后电极材料（涂覆在铜箔上）的结构稳定性分析显示，循环之前的电极可以看到清晰的二维盘状结构，每个二维纳米盘之间彼此分离，没有团聚。在200 mA/g的电流密度循环20次之后，在手套箱中拆开电池、用DMC清洗电极表面后在扫描电镜下观察其形貌。由于充放电过程中体积变化带来的应力以及电极表面SEI膜的形成，2D-HCA的结构出现一定的变化，但是二维结构基本得到保持。由此可见，2D-HCA的机械稳定性较好。

在2 A/g的电流密度下循环100次之后，拆开电池、清洗电极然后对电极做X射线光电子能谱（XPS）分析。循环之后，N和S元素稳定地存在于在2D-HCA电极中。X射线光电子能谱仪（XPS）分析结果中的Cu来自Cu集流体，Li、F、O来自电解液。S和N的种类没有出现变化，与循环之前相同，S 2p的峰可以被拟合成三个峰：分别是C-S对应峰，C=S对应峰和SO_n对应的峰；N 1s的峰可以被拟合成三个不同的峰：吡咯N的峰、吡啶N的峰以及石墨型N的峰。

第二节 基于二维分级纳米碳材料的高比容量材料制备与储锂性能探索

一、富氮二维分级纳米碳材料的研究背景

对纳米碳材料进行杂元素功能化可以提升它的电化学性能，其中的典型代表是 N 掺杂。N 原子尺寸略小于 C 原子尺寸，因此 N 电负性大于 C 的电负性。掺杂在碳骨架中的 N 可以调节二维纳米碳（比如石墨烯）的能带结构，改善其导电性。由于 N 的孤对电子与碳的 π 电子发生杂化，N 掺杂可以增强碳材料与 Li^+ 离子之间的相互作用。同时，N 掺杂可以在碳骨架中引入缺陷，带来更多的电化学活性位点。此外，N 掺杂可以提升碳材料中 Li^+ 离子的扩散和转移速率。以上这些都利于改善纳米碳的电化学性能，前期的理论预测以及实验结果表明，在一定范围内，纳米碳结构中含有的 N 杂原子浓度越高，其储锂容量和倍率性能也越好。

掺杂在纳米碳中的不同类型的 N 原子对其电化学储锂性能的影响不同。能够与碳在二维石墨化网络结合的 N 总共有四种：pyridinic N（P–N），pyrrolic N（Py–N），graphitic N（G–N）和 oxidized N（O–N）。P–N 位于石墨化碳层的边缘位置，它取代了 C_6 环中的一个 C 原子，并与相邻的两个 sp^2 碳成键相连接。Py–N 处于类似于吡咯结构的五元环中，N 取代了五元环边缘 C 的位置，可以贡献两个电子给碳骨架的 π 系统。G–N 完全取代了 C_6 六元环结构内部 C 位置的 N 原子，它与三个 sp^2 碳成键相连接，可以诱导相邻的 C 带正电荷，使其具有电子受体的性质。O–N 是连接有氧化反应的 P–N。G–N 和 P–N 具有 sp^2 杂化的特点，而 Py–N 和 O–N 具有 sp^3 杂化的特点。G–N 比较稳定，它的存在可以提升碳骨架的导电性。而 P–N 和 Py–N 具有较高的电化学活性，可以提升纳米碳的储锂性能，其主要原因有以下几点：

（1）P–N 和 Py–N 掺杂的位置处于纳米碳的边缘，它们的存在使得碳网络中存在大量小尺寸的纳米孔，Li^+ 离子可以在微孔（尤其是尺寸小于 1.5 nm 的孔）中聚集和存储。所以，掺杂的 P–N 和 Py–N 杂原子引入了大量对储锂有利的微孔，这对于提升纳米碳的储锂容量有重要的意义。

（2）P–N 和 Py–N 吸附 Li^+ 离子的能力强于 Q–N。通过第一性原理计算的方式，验证了不同类型的 N 对碳骨架 Li^+ 离子吸附能力的影响：当纳米碳中包含有 9% 的 Q–N 时，Li 与碳之间的结合能是 –0.95 eV；当含有 9% 的 P–N 时，相应的结合能为 –1.37 eV；当含有 6% 的 P–N 和 3% 的 Py–N 时，对应的结合能为 –1.30 eV；而没有掺杂的纯碳对应的结合能是 –0.98 eV。因此

P–N 和 Py–N（尤其是 P–N）利于提升碳骨架吸附 Li⁺ 离子的能力，而 Q–N 甚至会减弱碳骨架吸附 Li⁺ 离子的能力。

（3）掺杂有 P–N 和 Py–N 的碳材料中吸附的 Li 更不易形成团簇。理论计算结果表明，掺杂有 P–N 和 Py–N 的纳米碳吸附锂之后，锂原子之间的平均距离分别为 0.342 nm 和 0.308 nm，大于 Li–Li 二聚物之间 Li 原子的距离。

（4）理论计算和实验结果都证明，掺杂有 P–N 的纳米碳的可逆储锂容量最高，其次是掺杂有 Py–N 的纳米碳的容量，掺杂有 Q–N 的储锂容量最低。

因此，制备高 N 含量（尤其是 P–N 和 Py–N）的纳米碳材料对于提升其储锂性能有着重要的意义。一般而言，提升碳材料 N 含量的方法有高温下 NH₃ 后处理、采用高 N 含量前驱体（比如蛋白质或者吡咯等）作为碳源。这些方法成本较高、制备工艺一般较为繁杂。如果采用廉价的含氮前驱体并实现一步原位掺杂，则可以降低制备成本。

利用 LDH 作为模板、Orange Ⅱ 作为碳源、三聚氰胺作为氮源，制备了高 N 含量（富 N）二维分级纳米碳。利用 X 射线粉末衍射仪（XRD）、扫描电子显微镜（SEM）、透射电子显微镜（TEM）、X 射线光电子能谱仪（XPS）、激光拉曼光谱仪（Raman）等研究了材料的形貌、结构和组成。锂半电池测试结果显示，这种富氮分级二维碳材料具有较高的比容量和优异的循环稳定性。

二、实验部分

（一）实验原料

三聚氰胺（C₃H₆N₆，99%，麦克林），甲醇（CH₄O，99.7%，国药）。所用其他实验原料的种类、纯度、生产公司与二维分级纳米碳材料的实验原料相同。材料制备所用的设备也与二维分级纳米碳材料制备的设备相同。

（二）富氮分级二维碳材料的制备

富氮分级二维纳米碳材料具体的制备流程与二维分级纳米碳材料制备流程类似：

前两个步骤是一样的，而第三步与二维分级纳米碳材料制备不同的是，这里通氩气 30 min 是为了驱除水中的氧气。

1. 将 RLDH/O–Ⅱ 和 0.6 g 三聚氰胺加入装有 60 mL 甲醇的烧杯中，搅拌使其分散均匀。然后将烧杯放入水浴锅中，将温度调整到 55 ℃，不断搅拌以蒸干甲醇。收集得到的白色粉末，命名为 M–RLDH/O–Ⅱ。

2. 将 M–RLDH/O–Ⅱ 置于管式炉中，在 Ar 环境下以 2 ℃/min 的速度升温至 800 ℃，然后保温 2 h，自然降温后取出黑色样品。

3. 将黑色产物分别用 6 mol/L 的 HCl 和 NaOH 在 60 ℃下清洗 6 h，然后将抽滤、洗涤。最后将样品冻干，得到富氮二维分级纳米碳材料（N–2D–HCA）。

对比样：将 0.6 g Orange Ⅱ 与 0.6 g 三聚氰胺研磨混合，然后将混合粉末在与第 4 步和第 5 步相同的条件下碳化和清洗，得到对比样 N–C–O Ⅱ。

（三）样品结构表征所用的仪器及其型号

扫描电子显微镜、透射电子显微镜、全自动比表面积分析仪和 X 射线光电子能谱仪都与二维分级纳米碳材料所用的仪器及其型号是一样的。激光拉曼光谱仪的型号是 Renishaw In Via，X 射线衍射仪的型号是 SmartLab 3kW。

（四）富氮二维分级纳米碳材料的储锂性能测试

富氮二维分级纳米碳材料的锂半电池测试方法和设备与二维分级纳米碳材料的测试方法相同。

三、结果与讨论

（一）样品的形貌与结构分析

从富氮二维分级纳米碳材料（N–2D–HCA）的选区电子衍射结果可以看出，N–2D–HCA 的形貌与 2D–HCA 相似，保持了正六边形纳米盘 + 碳纳米小片组成的分级二维结构，这样的二维分级结构有效避免了二维碳材料的团聚和堆叠，促进电解液中 Li⁺ 离子的传输。纳米盘直径约为 2 μm，碳纳米片尺寸约为 100 nm、厚度约为几个纳米，相邻碳纳米片围成了几十纳米的孔。不同的是，在 N–2D–HCA 表面生长的碳纳米片的密度相比 2D–HCA 表面的碳纳米片密度较小；同时 N–2D–HCA 的整体厚度约为 150 nm，也比 2D–HCA 的厚度小。

对比 N–C–O Ⅱ 的扫描电子显微镜结果表明，N–C–O Ⅱ 也具有无规则块状结构，其尺寸从几微米到几十微米不等。与 C–O Ⅱ 不同的是，在 N–C–O Ⅱ 的结构中分布有很多尺寸在几十到几百纳米的孔。

N–2D–HCA 和 N–C–O Ⅱ 的 X 射线粉末衍射分析结果中 23° 和 42° 附近的宽化峰分别对应石墨的（002）面和（110）面的衍射峰。尽管在（002）峰处，N–2D–HCA 的半峰宽大于 N–C–O Ⅱ 的半峰宽，但 N–2D–HCA 的 R 值（2.75）与 N–C–O Ⅱ 的 R 值相差不大（2.73）。N–2D–HCA 和 N–C–O Ⅱ 的激光拉曼光谱仪（Raman）分析结果中主要有两个峰，一个是 1 585 cm⁻¹ 附近对应的 G 峰，另一个是 1 346 cm⁻¹ 附近对应的 D 峰。G 峰是碳材料 sp^2 结构的特征峰，D 峰与碳材料中的缺陷有关。N–2D–HCA 的 D 峰和 G 峰强度比 I_D/I_G=1.08，N–C–O Ⅱ 的 I_D/I_G=1.03，这表明两种碳材料中存在着大量缺陷。这些缺陷包括高度无序、边缘、悬空键、碳的 sp^3 杂化、空位、拓扑缺陷等。这些缺陷对于储锂性能有一定程度的提升。

N-2D-HCA 和 N-C-O Ⅱ 的透射电子显微镜结果进一步验证了 N-2D-HCA 的六边形纳米盘结构，N-2D-HCA 表面分布有许多几十纳米的孔，这些孔是由表面相邻的碳纳米小片围成的。高分辨透射电子显微镜中 N-2D-HCA 边缘区域可以清晰地看出，在碳材料中存在有数层平行堆积的石墨烯，相邻的石墨烯间距约为 0.36nm，与石墨的（002）面的晶格间距相吻合。N-C-O Ⅱ 的形貌则不同，是无规则的块状结构。在 N-C-O Ⅱ 的块中，存在着许多结晶性的小颗粒，这些颗粒的直径为 2 ~ 10 nm。这些颗粒的晶格间距约为 0.209 nm，可能对应 C_3N_4 的（210）面（需要进一步用实验验证）。

N-2D-HCA 和 N-C-O Ⅱ 的 N_2 吸/脱附测试曲线以及孔径分布结果显示，N-2D-HCA 的 BET（Brunauer-Emmett-Teller）比表面积为 534 m^2g^{-1}，而 N-C-O Ⅱ 的 BET（Brunauer-Emmett-Teller）比表面积为 701 m^2g^{-1}。尽管 N-2D-HCA 有分级二维结构，N-C-O Ⅱ 是无规则块状结构，但 N-2D-HCA 的比表面积比 N-C-O Ⅱ 小。N-2D-HCA 的孔尺寸主要集中在 0.5 nm，0.75 nm，1.2 nm，1.8 nm 以及 4 nm，平均孔径为 3.6 nm。N-C-O Ⅱ 的孔尺寸主要集中在 0.45 nm，0.75 nm，1.2 nm，1.7 nm，2.5 nm 以及 4 nm，平均孔径为 2.1 nm。不同的是，N-2D-HCA 的结构中存在有孔径分布在 5 ~ 30 nm 的介孔，而 N-C-O Ⅱ 的面机构中没有孔径 5 nm 以上的孔。因此，N-2D-HCA 具有分级孔结构，而 N-C-O Ⅱ 的孔主要是微孔。

N-2D-HCA 的 X 射线光电子能谱测试分析结果为，N-2D-HCA 的全谱中主要有 C 1s，N 1s，O 1s 和 S 2p 四个峰，C 1s，N 1s，O 1s 和 S 2p 的含量分别为 73.7at.%，15.5at.%，9.8at.% 和 0.9at.%，表明 N-2D-HCA 具有高氮含量的特征。C 1s 的高分辨分析结果可以被拟合成 4 个峰：284.4 eV 对应的 C-C/C=C 峰，285.1 eV 对应的 C-N 峰，286.2 eV 对应的 C-O 峰和 288.0 eV 对应的 C=O 峰。N 1s 的高分辨分析结果可以被拟合成三个峰：398.3 eV 处 P-N 的峰，399.8 eV 处 Py-N 的峰以及 401.1 eV 处 G-N 的峰。可以看出，N-2D-HCA 中 N 的种类主要以 P-N 和 Py-N 为主。S 2p 的高分辨分析结果可以被拟合成三个峰：163.5 eV 对应的 -C-S- 峰，164.8 eV 对应的 -C=S- 峰和 167.7 eV 对应的 $-SO_x-$ 峰（x=1，2，3），N-2D-HCA 中的多数 S 以 $-SO_x-$ 的形式存在。N-2D-HCA 的 SEM 元素 mapping 法说明了 N 和 S 元素均匀地分布在碳基体中。

N-C-O Ⅱ 的 X 射线光电子能谱仪（XPS）测试结果说明 N-C-O Ⅱ 的全谱中主要有 C 1s，N 1s，O 1s 和 S 2p 四个峰，C 1s，N 1s，O 1s 和 S 2p 的含量分别为 72.7at.%，12.8at.%，13.9at.% 和 0.5at.%，表明 N-C-O Ⅱ 同样具有高氮含量的特征。C 1s 的高分辨分析结果可以被拟合成 4 个峰：284.5 eV 对应的 C-C/C=C 峰，285.4 eV 对应的 C-N 峰，286.8 eV 对应的 C-O 峰和 288.8 eV 对应的 C=O 峰。N 1s 的高分辨分析结果可以被拟合成三个峰：397.9 eV 处 P-N 的峰，399.8 eV 处 Py-N 的峰以及 401.1 eV 处 G-N 的峰。可以看出，N-C-O Ⅱ 中 N 的种类同样主要以 P-N 和 Py-N 为主。S 2p 的高分辨分析结果可以被拟合成三个峰：163.4 eV 对应的 -C-S-

峰，164.2 eV 对应的 –C=S– 峰和 167.3 eV 对应的 –SO$_x$– 峰（x=1，2，3），N–C–O Ⅱ中的多数 S 以 –SO$_x$–的形式存在。N–C–O Ⅱ的 SEM 元素 mapping 法说明 N 和 S 元素均匀地分布在碳基体中。

下表所示为 N–2D–HCA 和 N–C–O Ⅱ中 N 元素种类统计。在 N–2D–HCA 中，P–N，Py–N，O–N 占所有 N 元素的百分比分别为 37%，47%，16%，其中 P–N 和 Py–N 共占 84%。P–N，Py–N，O–N 占 N–2D–HCA 中所有原子的百分比分别 5.74%，7.28%，2.48%，其中 P–N 和 Py–N 共占 13.02%。在 N–C–O Ⅱ中，P–N、Py–N、O–N 占所有 N 元素的百分比分别为 28%，37%，35%，其中 P–N 和 Py–N 共占 65%。P–N、Py–N、P–N 占 N–2D–HCA 中所有原子的百分比分别 3.58%，4.74%，4.48%，其中 P–N 和 Py–N 共占 8.32%。总结 X 射线光电子能谱仪（XPS）数据可以发现，在 N–2D–HCA 中，不仅 N 的含量比 N–C–O Ⅱ中高，而且 P–N 和 Py–N 的百分比也比其在 N–C–O Ⅱ中高。在碳基体中掺杂的 C–N 能够提升纳米碳的导电性，但对储锂容量贡献不大。P–N 和 Py–N 能够创造储锂的电化学活性位点，因此对碳材料的储锂容量有较大贡献。因此 P–N 和 Py–N 的含量越高表明碳材料的储锂性能可能会更好。

表 2-2 N–2D–HCA 和 N–C–O Ⅱ中 N 元素种类统计

分类	占比	P–N	Py–N	O–N	P–N+Py–N
N–2D–HCA	占 N 百分比	37	47	16	84
	占所有原子百分比	5.74	7.28	2.48	13.02
N–C–O Ⅱ	占 N 百分比	28	37	35	65
	占所有原子百分比	3.58	4.74	4.48	8.32

N–2D–HCA 和 N–C–O Ⅱ的 N 主要来自三聚氰胺，在 Ar 条件下加热时三聚氰胺分解产生 NH$_3$，高温下 NH$_3$ 对碳骨架实现原位 N 掺杂。另一部分的 N 和全部的 S 来自 Orange Ⅱ分子中含有的 N 元素，高温碳化时，N 和 S 元素可以掺杂在碳基体中。

（二）富氮二维分级纳米碳的储锂性能测试

N–2D–HCA 的储锂性能测试结果显示，在 N–2D–HCA 的 CV 曲线中，第一个循环 0.51 V 处的不可逆的还原峰对应电解液在电极表面分解、SEI 膜形成的过程。0 V 附近的还原峰对应 Li$^+$ 离子嵌入 N–2D–HCA 石墨化层间的过程。0.23 V 和 1.2 V 处的氧化峰分别对应 Li$^+$ 离子从 N–2D–HCA 的石墨化结构和孔的电化学活性位置脱出的过程。第二次及以后几次循环的 CV 曲线重合，证明后续反应对应相同的储锂机制。在 200 mA/g 的电流密度充放电测试时，2D–HCA 的首次放电和充电容量分别为 1 878.2 和 1 028.3 mA·h/g，首次库伦效率为 54.8%。首次循环中的可逆容量损失主要是因为 SEI 膜的形成、Li$^+$ 离子在 2D–HCA 孔的等位置的不可逆地嵌入等原因。首次放电曲线中 1 V 到 0.6 V 的斜坡对应电解液分解、SEI 膜形成的过程；0.5 V 以下的斜坡对应 Li$^+$ 离子嵌入 2D–HCA 的石墨化结构的过程。N–2D–HCA 的首次库伦效率高于许多未掺杂的多孔碳、石墨烯、碳纳米片、三维石墨烯泡沫等，表明高含量有助于 N 掺杂提升这一参数依然有待优化。在第二次循环的放电容量为 1 082.5 mA·h/g，库伦效率为 91%。以后的循环中电压——容量曲线与第二次基本重合，库伦效率高于 95%。经过 90 次循环后，N-2D-HCA 的放电容量为 763.1 mA·h/g。第 2 次到第 90 次循环的衰减率为 0.33%。倍率性能测试中，充放电电流密度依次增加至 500，1 000，2 000，5 000 mA/g 时，N-2D-HCA 的放电容量分别（取自每个电流密度的最后一个循环）为 759.3，630.2，498.2，345.4 mA·h/g；当电流密度逐步减小到 200 mA/g 时，N-2D-HCA 的放电容量可以恢复到 807.5 mA·h/g 的水平。在 N-2D-HCA 大电流密度长循环测试之前，先用 200 mA/g 的小电流活化三个循环。当三个循环之后，电流增加至 5 A/g，N-2D-HCA 的放电容量为 514 mA·h/g。经过 1000 次循环之后，其可逆容量依然为 332 mA·h/g，每次循环容量衰减率为 0.035%。倍率性能测试和长循环测试数据表明 N-2D-HCA 具有良好的快速充放电性能。

N-C-O Ⅱ 的储锂性能测试结果说明，在 200 mA/g 的电流密度测试时，初始放、充电容量分别为 1 030.6 和 454.6 mA·h/g，首次库伦效率为 44.1%。首次不可逆容量来自电解液的分解、SEI 膜的形成，以及 Li^+ 在 N-C-O Ⅱ 的孔中不可逆地嵌入。不管首次放电容量还是首次库伦效率，N-C-O Ⅱ 都小于 N-2D-HCA。经过 90 次循环后，N-C-O Ⅱ 的放电容量为 308 mA·h/g，远低于 N-2D-HCA 的放电容量。在大电流长循环测试时，先用 200 mA/g 的小电流活化三个循环，之后电流密度增加至 5 A/g。当电流密度增加至 5 A/g 时，N-C-O Ⅱ 的放电容量为 151 mA·h/g。经过 1 000 次循环后，其放电容量衰减到 66.7 mA·h/g。N-2D-HCA 的储锂容量和大电流长周期循环性能都远优于 N-C-O Ⅱ。

尽管 N-2D-HCA 的比表面积小于 N-C-O Ⅱ，但是 N-2D-HCA 的储锂性能优于 N-C-O Ⅱ。这是因为以下几个原因：

1.N-2D-HCA 具有分级孔结构，除了微孔外，结构中还存在着介孔和大孔，因此电解液可以得到更好的浸润、电解液中的 Li^+ 可以快速传输；

2.N-2D-HCA 具有二维分级结构，可以有效地避免团聚与堆叠，缩短 Li^+ 的扩散路径；

3.N-2D-HCA 中 N 元素的含量大于 N-C-O Ⅱ，并且 N-2D-HCA 中 P-N 和 Py-N 占整体 N 元素的百分比也高于其在 N-C-O Ⅱ 的百分比。

四、结论与展望

（一）结论

利用模板法制备了二维分级纳米碳材料（2D-HCA）与富氮二维分级纳米碳材料（N-2D-HCA），表征它们的微观结构与组成，探究了它们的制备机理，最后测试了它们的储锂性能、分析了结构与电化学性能之间的关系。得到的主要结论如下：

1.2D-HCA 和 N–2D-HCA 都具有由二维亚单元组成的二维分级结构——小尺寸的类石墨烯碳纳米片生长在较大尺寸的六边形碳纳米盘上。这样的分级二维结构可以有效防止二维纳米碳材料的团聚与堆积，避免了有效比表面积的损失，利于 Li^+ 离子的扩散和传输。2D-HCA 和 N–2D-HCA 的分级结构源于 LDO 水化重构时发生的形变。

2.2D-HCA 和 N–2D-HCA 都具有分级孔结构，既有微孔，也有介孔，还有小尺寸碳纳米片围成的大孔。这样的分级孔结构可以促进 Li^+ 离子的传输速率、提升碳材料的储锂容量。

3.掺杂在 2D-HCA 和 N–2D-HCA 中的 N 和 S 元素可以提升碳材料的储锂性能。N 元素的种类也对储锂性能有很大影响，P–N 和 Py–N 的含量越高，越利于提升纳米碳材料的储锂容量。由于碳的前驱体 Orange Ⅱ 中含有 N 和 S 元素，这些元素可以在碳化过程中原位地掺杂在碳骨架中。N–2D-HCA 中 N 含量高达 15.5%，其中电化学活性高的吡啶氮和吡咯氮占多数，这里的 N 主要源于三聚氰胺，在碳化的同时三聚氰胺分解，高温下 N 元素原位掺杂在碳基体中。

4.由于结构与组成的优势，2D-HCA 具有优异的储锂性能，锂半电池测试时表现出了极高的比容量和良好的倍率性能。N–2D-HCA 不仅比容量高、倍率性能好，还在大电流密度下表现出了优异的循环稳定性。

5.用廉价的 LDH 模板吸收废水中的有机染料 Orange Ⅱ 作为碳源，可以实现"变废为宝"，因此该方法是环境友好型的方法。在制备 N–2D-HCA 的过程中，碳化过程的同时实现了富氮功能化，因此该掺杂方法是"一步掺杂"。

6.为制备二维纳米碳新能源材料提供了新的视野与方法。

（二）展望

综上，二维分级纳米碳材料表现出了优异的电化学储锂性能。构建分级孔结构、对纳米碳材料进行杂元素功能化都能提升碳材料的电化学性能。利用环境友好型方法制备新型碳材料也是大势所趋。

尽管 2D-HCA 和 N–2D-HCA 都具有非常高的比容量，但是它们的首次库伦效率依然不理想，因此通过其他方法尽可能地提升这两种材料的首次库伦效率是以后研究的一个重要方向。这里对于 2D-HCA 和 N–2D-HCA 结构的认识还不足，更深层次的结构表征也是未来的一个探究方向。

此外，模板与有机物前驱体之间的比例、碳化温度等因素对于碳材料结构具有较大的影响。探究这些因素的最佳参数对于优化碳材料的微观结构、孔径分布等有重要的意义。

由于独特的二维结构、超高的比表面积、分级孔结构以及杂元素掺杂的特点，分级纳米碳材料在超级电容器、电化学催化等领域也具有一定潜在的应用价值。

第三章 石墨烯的制备及其在能源存储领域表现分析

第一节 石墨烯的功能化研究

石墨烯（Graphene）是一种从石墨材料中剥离出的单层碳原子材料，是由 sp^2 杂化碳原子组成的二维蜂窝状晶体。它是一种新型的碳同素异形体，是构成零维富勒烯，一维碳纳米管以及三维石墨材料的基本构成单元。自从 2004 年英国曼彻斯特大学（University of Manchester）的物理学家 Andre Geim 和 Konstantin Novoselov，通过微机械分离法成功制备出石墨烯以来，由于其独特的结构、优异的物理性质以及稳定的化学性质，受到了科学界的广泛关注，并且有望在高性能微纳电子器件、复合材料、场发射材料、气体传感、能源储存等领域得到广泛应用。功能化可以在石墨烯表面引入某些特定的分子或者官能团，在最大程度上保留石墨烯本征属性的同时赋予石墨烯一些新的特性，制备出性能更为优异的新型功能化石墨烯基材料，从而更大地拓宽石墨烯材料的应用领域。

一、石墨烯的发现、结构及性质

（一）石墨烯的发现

受 20 世纪 30 年代 Landau 和 Peierls 等科学家提出的传统热力学理论的束缚，科学界普遍认为，热力学涨落不允许任何二维晶体在有限温度下存在。因此作为二维晶体的石墨烯，一直以来都只能作为研究碳基材料的理论模型，没有真正引起科研工作者的广泛关注。它就犹如阿拉伯神话故事中的宝藏，仍然静静地沉睡在大地母亲的怀抱中。直到 2004 年英国曼彻斯特大学（University of Manchester）的 Andre Geim 和 Konstantin Novoselov 两位物理学家利用普通胶带打破了这种宁静，他们用胶带反复剥离石墨至单层，然后转移到预处理过的氧化硅衬底上，成功地从高定向热解石墨中剥离制备出了石墨烯。由于石墨烯独特的晶体结构和优异的物理、化学特性，使其迅速成为纳米材料科学领域又一颗耀眼的新星，也成为材料科学的研究热点。2010 年 10 月 5 日，瑞典皇家科学院宣布，将 2010 年诺贝尔物理学奖授予 Andre Geim 和

Konstantin Novoselov 两位科学家，以表彰他们在石墨烯材料方面的卓越贡献。

（二）石墨烯的结构及性质

石墨烯是由 sp^2 杂化碳原子组成的单层碳原子二维晶体平面薄膜，其厚度只有 0.335 nm。在石墨烯晶体结构中，每一个碳原子都以 σ 键的形式，同相邻的三个碳原子通过共价键相连，碳碳键长约为 0.142 nm。剩余的一个 P 轨道垂直于石墨烯平面，和其他碳原子的 P 轨道以"肩并肩"的形式形成大 π 键。由于 π 电子在整个石墨烯平面内可以自由移动，所以石墨烯具有优越的导电性。同时，石墨烯也是构成其他碳的同素异形体的基本单元。例如，它可以通过包裹形成零维的富勒烯，通过卷曲形成一维的碳纳米管，以及通过层层堆积形成三维的石墨材料。

石墨烯是目前最薄最轻的纳米材料，它仅有一个单原子层厚度，然而比表面积却高达 2630 m^2/g。同时，石墨烯也是目前人类已知强度最高的物质，它具有超强的力学性质，杨氏模量为 1.1 TPa，断裂强度高达 130 GPa，比钻石还坚硬，强度比世界上最好的钢铁还要高 100 倍。所以，石墨烯是一种高强轻质的薄膜材料，将它添加到聚合物中可以明显改善聚合物材料的机械性能。如果用 1 m^2 的石墨烯做成吊床，它可以承受一只大约 4 kg 猫的重量而不被损坏，但是吊床本身的重量却不足 1 mg，大约只相当于猫身上的一根胡须的重量。

石墨烯的价带（π 电子）和导带（$π^×$ 电子）相交于费米能级处（K 和 K'点），是带隙为零的半导体，在费米能级附近其载流子呈现线性的色散关系。在石墨烯中，电子的运动速度可达到光速的 1/300，远远超过了电子在一般导体中的运动速度，其电子行为需要用相对论量子力学中的狄拉克方程来描述。由于电子的有效质量为零，所以石墨烯就成为凝聚态物理学中独一无二的描述无质量狄拉克费米子的模型体系，这也导致了石墨烯具有优异的电学性质。如室温下的载流子迁移率可达 200 000 cm^2/（V·s），远远高于被认为载流子迁移率最大的锑化铟材料（77 000 cm^2/（V·s）），是商用硅片的 100 倍，具有弹道传输的性质。并且石墨烯在室温下的电阻值只有铜的 2/3，可耐受 $1 \times 10^8 \sim 2 \times 10^8$ A/cm^2 的电流密度，是铜耐受量的 100 倍。

图 3-1 石墨烯的能带结构

同时，石墨烯几乎是完全透明的，只吸收 2.3% 的光，并且热传导率高达 5 000 W/（m·K），与碳纳米管和金刚石相当，再加上其薄片形状，所以石墨烯在未来透明电极、太阳能电池和散热材料方面具有广阔的应用前景。

二、石墨烯的制备方法

自 2004 年 Andre Geim 和 Konstantin Novoselov 首次成功地从高定向热解石墨中剥离制备出石墨烯以来，石墨烯以其优异的力、电、光、热等性质迅速激起了科学界巨大的波澜。自此以后，制备石墨烯的新方法层出不穷，经过十几年的发展，已经初步形成了石墨烯工业化生产的途径。目前，用于制备石墨烯的方法主要包括以下几种：

（一）微机械剥离法

微机械剥离法也就是人们所熟知的撕胶带法，是一种简单易行的制备石墨烯的方法。利用透明胶粘住高定向热解石墨层的两个面，然后撕开，使之分为两片。然后不断重复这一过程，就可以得到越来越薄的石墨薄片，而其中部分样品是仅由一层碳原子构成的，将其转移到预处理过的氧化硅衬底上，即制得了石墨烯。这种方法操作简便，得到的石墨烯结构比较完整，而且尺寸也可以达到微米量级，非常适合用于研究石墨烯的基本物理性质。但是该法也存在较大的局限性，比如剥离过程中容易残留部分胶水在石墨烯表面，影响后续研究；制备过程随机性大；石墨烯产率太低，且尺寸不易控制；无法实现大规模地制备等问题。

（二）外延生长法

外延生长法是在一种晶体结构上，通过晶格匹配生长出另一种晶体的方法。与其他制备方法相比，外延生长法所制得的石墨烯具有较好的均一性，且与当前的集成电路技术有很好的兼容性，是最有可能获得大面积、高质量石墨烯的方法。根据所选基底材料的不同，外延生长法一般分为 SiC 外延生长法和金属外延生长法。

SiC 外延生长法就是将氧化或 H_2 刻蚀处理过的 SiC 单晶片置于超高真空、高温的条件下，通过电子束轰击 SiC 单晶片来除去其表面氧化物；然后在高温条件下将其表面层中的硅原子蒸发，使表面剩余的碳原子发生重构，从而在 SiC 单晶片表面外延生长出石墨烯。SiC 外延生长法可以得到单层或层数较少的石墨烯，并且 SiC 本身就是性能优异的半导体材料，与目前的硅基半导体工艺相兼容（不需要转移），因此这种方法生长的石墨烯是最有可能实现碳基集成电路的有效途径之一。

金属外延生长法是采用与石墨烯晶格相匹配的金属单晶体（如 Ru、Ni、Ir、Pt 等）为基底，在高真空环境中，通过碳基化合物（如乙烯、乙炔等）的热解制备石墨烯。其生长机理是由于在高真空、H_2气氛条件下，碳原子和金属基底的亲和力比 Si、N、H 和 O 等原子强，所以其他原子均可被脱除，而溶解在金属表面中的碳原子则在基底表面重新析出、结晶、重构，生长出石墨烯。金属外延生长法所制备的石墨烯大多是单层结构，因此，外延生长法可以用来制备连续、均匀、大面积的单层石墨烯。

（三）化学气相沉积法

化学气相沉积法（CVD）是在高温（如 1 000 ℃）条件下，用含碳化合物（如甲烷、乙炔等）作为碳源，将气体通过金属基底，使其在金属基体表面分解，生长出石墨烯。利用该法生长石墨烯的机理可以分为两种：

1. 渗碳析碳机制：对于高溶碳量的金属基体（如 Ni 等），在高温时，碳源裂解所产生的碳原子渗入金属基体内，在降温时又从其内部析出成核，从而生长成石墨烯；

2. 表面生长机制：对于低溶碳量的金属基体（如 Cu 等），气态碳源在高温下裂解生成的碳原子吸附于金属表面，进而成核生长成"石墨烯岛"，并通过"石墨烯岛"的二维合并得到连续的石墨烯薄膜。

利用化学气相沉积法制备石墨烯主要涉及碳源、生长基底和生长条件三个方面。碳源的选择主要考虑的因素是碳源的分解温度、分解速度和分解产物等，目前用于 CVD 法生长石墨烯的碳源有甲烷、乙烯、乙炔、乙醇等。生长基底的选择主要依据金属的熔点、溶碳量以及是否能生成稳定的金属碳化物，最常用的金属基底有铜、镍、铂以及合金等。而生长条件（如温度，气压，载气等）通常取决于选择的碳源和生长基底。由于 CVD 法制备石墨烯简单易行，所得石墨烯质量很高，可实现大面积制备，而且易于转移到多种基底上，目前已逐渐成为制备高质量石墨烯的主要方法。

（四）化学氧化还原法

化学氧化还原法包括化学氧化剥离石墨，然后通过还原得到石墨烯两个步骤。在三维的石墨中，由于石墨烯片层之间强烈的 $\pi-\pi$ 作用，而很难分散到溶液中得到单层的石墨烯片，不利于石墨烯的进一步液相加工。鉴于此，科研工作者采用化学氧化剥离法，将石墨与强氧化剂和强酸共混来对石墨进行插层氧化，制备氧化石墨，然后通过超声处理，即可得到均一分散的单层氧化石墨烯。常用的三种传统制备氧化石墨的方法是 Brodie 法、Staudenmaier 法和 Hummers 法。由于含氧官能团（如羧基、羟基、环氧基等）的引入，使石墨片层间的晶面间距增大，从而大大削弱了片层间的作用力。同时，由于引入的含氧官能团具有很强的亲水性，可以通过后续处理（如超声、搅拌等）对氧化石墨进行剥离，得到稳定的氧化石墨烯溶液。但是该法制备的氧化石墨烯具有较多 sp^3 杂化的碳，导电性非常差，需要对其还原，除去含氧官能团，才能得到具有良好导电性能的还原氧化石墨烯。目前，被广泛应用于氧化石墨烯还原的方法有：肼、$LiAlH_4$、$NaBH_4$、抗坏血酸、HI、醇类、KOH、葡萄糖等化学试剂还原法；也有光化学法、热还原法、电化学法、水热还原法等。

化学氧化还原法制备石墨烯具有成本低、产率高、设备简单、适合大规模连续工业化生产等优点，已经被广泛地应用于石墨烯基材料的制备。但是该法同样也存在一定的局限：如大规模生产时，石墨氧化不充分，原料利用率低，也容易产生废液污染；氧化石墨烯在还原的过程中，容易发生不可逆的堆积和聚集；石墨烯片层结构在氧化时会受到一定程度的破坏，虽然电导率等性能在还原后可以得到一定程度上的恢复，但石墨烯结构中依然存在着不同程度的缺陷，并且还原过程也并不能完全去除石墨烯片层上的含氧官能团。为此，广大石墨烯研究人员不断地开发出更为优越的石墨氧化方法，如美国莱斯大学（Rice University）的课题组发展了一种改进的氧化石墨烯制备方法，他们在石墨的氧化过程中通过加入浓磷酸来增强其氧化效率，得到分散性更好的氧化石墨烯。该方法在氧化过程中不会产生有毒气体，操作简单，并且由此得到的还原氧化石墨烯的电导率与传统生产石墨烯相当。

最近，美国凯斯西储大学（Case Western Reserve University）的课题组发展了一种更为简便、绿色的球磨法来制备边缘羧基化的氧化石墨烯。他们将石墨与干冰共混后进行球磨，然后通过稀酸处理掉球磨过程中产生的金属杂质，得到可以在溶液中实现自剥离的边缘羧基化氧化石墨烯。由于羧基只集中在石墨烯的边缘，所以不会对石墨烯片层内的 sp^2 区域造成破坏，因此由该边缘羧基化氧化石墨烯制备的薄膜经过热还原后，电导率高达 1 214 S/cm，远远高于常用氧化石墨烯薄膜还原后的电导率。由于这种球磨技术的操作非常简单、成本也很低、并且提供了一种很好的"消除"温室气体（CO_2）的方法，所以该方法很有可能成为大规模工业化生产绿色无污染石墨烯基材料的关键技术。

（五）化学有机合成法

化学有机合成法是一种"自下而上"制备石墨烯的方法。该法最早是以苯环或其他芳香体系化合物（如 PAH 等）为核，通过多步芳构化以及环化脱氢反应，使芳香体系变大，最终得到具有一定尺度的石墨烯。对于其他合成方法，化学有机合成法可从分子水平上对制备的石墨烯进行结构上的调控，从而可控地制备出具有一定手性和尺寸的石墨烯。同时，制备的石墨烯材料具有确定的结构，便于进一步进行功能化修饰。但是该法的合成路径相对复杂，需要科研人员具有一定的有机合成技能和理论基础，且由于步骤较多、合成时间较长、产率较低等不足，目前还很难实现大面积的应用。

（六）刻蚀碳纳米管法

石墨烯本身是零带隙材料，直接用于场效应晶体管（FET）活性层时，难以实现开关特性。然而研究人员发现，将石墨烯裁剪成在横向方向上具有有限尺寸的石墨烯纳米带时，由于电子在横向上运动受限，使纳米带成为典型的准一维系统，从而打开石墨烯的能隙。因此，如何高效、可控地制备石墨烯纳米带（宽度在 10 nm 左右或 10 nm 以下）是当前该领域的一个热点研究课题。目前，刻蚀碳纳米管法制备石墨烯纳米带，主要有以下几种方法：

1. 插层剥离法：先用液氨和金属锂来对多壁碳管进行插层处理，然后通过酸和热处理来剥离制得石墨烯纳米带。

2. 化学法：利用 H_2SO_4 和 $KMnO_4$ 作为氧化剂来打开碳碳键。

3. 催化法：通过引入金属纳米颗粒作为碳管的"剪切剂"，使碳管沿着纵向方向被打开。

4. 电学法：使极高的电流直接从碳管的内部通过，实现碳管的自剪切。

5. 物理化学法：让碳管嵌入到一个聚合物的模型中，然后利用氩等离子体对其进行选择性刻蚀，得到石墨烯纳米带。

由于石墨烯纳米带可以均一地分散到溶剂中，因此可以应用到微纳电子器件、药物传载、传感以及复合材料等领域，也可以用于进一步地功能化后修饰。

（七）其他方法

除了以上主要的制备方法外，还有液相超声剥离法、电化学剥离法、电弧放电法等其他方法也可用于制备石墨烯。

三、功能化石墨烯的制备及其进展

结构完整的石墨烯化学稳定性高，表面呈惰性状态，与其他溶剂的相互作用较弱，所以很难分散在溶剂中；并且由于石墨烯片层间有较强的范德华力，容易产生聚集，严重阻碍了石墨烯的进一步液相加工，限制了石墨烯的应用。为了提高石墨烯在溶剂中的分散性，必须对石墨烯进行必要的功能化。在解决这个问题的同时，还可以赋予石墨烯一些新的性质，制备出性能更加优越的新型功能化石墨烯基材料，进一步拓宽石墨烯的应用领域。所谓功能化就是利用石墨烯在制备过程中表面产生的缺陷和基团，对其进行共价键或者非共价键的修饰，调控石墨烯材料的物理或化学性质，从而最大程度上拓展石墨烯基材料的应用领域。

（一）非共价键功能化的石墨烯

石墨烯的非共价键功能化主要是利用功能分子与石墨烯片层间的超分子作用力或范德华力作用，合成具有特定功能的石墨烯基复合材料。这种功能化方法最大的优点就是操作简单、条件温和、对石墨烯的结构破坏很小，可以最大程度地保留石墨烯的本征属性。但是由于功能分子与石墨烯复合的作用力较小，因此复合材料的稳定性一般比较差。对完整的石墨烯而言，非共价键功能化就是通过石墨烯片层上 sp^2 杂化的碳原子与被修饰物之间的 $\pi-\pi$ 作用来完成。对于化学氧化法制备的氧化石墨烯而言，由于大量缺陷和含氧官能团的存在，非共价键功能化既可以利用 $\pi-\pi$ 作用，也可以利用离子键或者氢键等来实现。

$\pi-\pi$ 键功能化：不论是石墨烯还是氧化石墨烯都含有大量 sp^2 杂化的碳原子，都可以与具有 π 共轭结构的有机分子通过 $\pi-\pi$ 相互作用来进行功能化。如美国德克萨斯大学奥斯汀分校（University of Texas at Austin）的 Rodney S. Ruoff 课题组，通过高分子聚苯乙烯磺酸钠（PSS）来修饰氧化石墨烯表面，然后对氧化石墨烯进行化学还原，得到了可分散石墨烯复合物。由于 PSS 与石墨烯之间有较强的 $\pi-\pi$ 相互作用，从而阻止了石墨烯片层的聚集，加上 PSS 可以溶解到水中，使该复合物在水中具有较好的分散性。同样，清华大学的石高全课题组利用水溶性小分子芘丁酸（PB）作为修饰剂，通过 $\pi-\pi$ 相互作用修饰到石墨烯表面，制备了能稳定分散在水相体系中的芘丁酸-石墨烯复合物，由该复合物形成的薄膜，电导率可达 200 S/m。在此基础上，新加坡南洋理工大学（Nanyang Technological University）的课题组，将具有两亲性的三嵌段共轭聚合物 PEG-OPE 与石墨烯作用，得到了可以分散到水相和有机相的两亲性石墨烯复合物。该复合物有望作为芳香性药物分子以及非水溶性药物分子的载体，应用于生物医学领域。

离子键功能化：氧化石墨烯由于含有大量带负电的含氧官能团（羟基、羧基和环氧基等），片层间的作用力表现为静电斥力，可以稳定分散在水中，所以也可以通过引入带电离子对其进行功能化。如德国马普高分子研究所（Max Planck Institute for Polymer Research）的 Klaus Mullen 课题组，利用离子间的静电作用，将带有不同取代基的季铵盐与石墨烯混合，然后加入氯仿，通过简单地振荡，首次实现了石墨烯在不同溶剂之间的有效转移。随后，天津大学的杨全红课题组，采用介孔阳极三氧化二铝（AAO）为模板，利用氧化石墨烯的含氧官能团与 AAO 表面含氧官能团的静电作用，实现了氧化石墨烯片层在 AAO 表面的自组装。最近，清华大学的石高全课题组，通过引入金属离子的方法，利用离子键来调节氧化石墨烯片层间的作用力，也实现了氧化石墨烯的自组装，构筑了三维的氧化石墨烯凝胶。

氢键功能化：氧化石墨烯表面存在的羧基、羟基和环氧基等含氧官能团也利于通过氢键来对其进行非共价键功能化。如南开大学的陈永胜课题组，将抗肿瘤药物盐酸阿霉素（DRX）与氧化石墨烯作用，利用 DRX 分子中的氨基和羟基与氧化石墨烯上的羧基和羟基形成的多种氢键作用，来提高石墨烯的溶解性，同时也实现了药物分子在石墨烯上的负载。随后，清华大学的石高全课题组，通过引入亲水性的高分子（聚乙烯醇、聚乙烯亚胺、血红蛋白等）与氧化石墨烯的含氧官能团形成氢键来调节其片层间的作用力，制备了三维自组装的氧化石墨烯凝胶，并研究了它们在催化反应、药物选择性释放以及传感器等领域中的应用。

除此之外，由于石墨烯具有大的比表面积和优异的电学、光学等性能，也可以作为纳米粒子的载体。通过简单的物理吸附功能化法，即范德华力作用将纳米粒子吸附到石墨烯的表面，得到具有特定性能的纳米粒子功能化的石墨烯。该功能化石墨烯目前已经被广泛地应用到了催化化学、生物医学、生物传感、电学器件等领域。

（二）共价键功能化的石墨烯

石墨烯的共价键功能化是指功能分子与石墨烯之间通过共价键结合，对于非共价键功能化，共价键功能化可以提高石墨烯的液相可加工性，制备的石墨烯材料比较稳定，并且在最大程度上保持石墨烯本征属性的同时赋予其新的性能。但是完美的石墨烯呈现化学惰性，非常稳定，因此通常利用化学性质更为活泼的氧化石墨烯作为前驱体来与功能分子作用，制备出具有特殊光电性质的功能化石墨烯，进一步扩展其应用领域。氧化石墨烯表面存在着大量的羧基、羟基、环氧基等含氧官能团，兼有芳香结构的碳骨架，因此对氧化石墨烯的共价键功能化主要围绕这些活性位点进行展开，具体涉及以下几种方法：

羧基共价键功能化：对羧基的共价键功能化主要是利用含有氨基或者羟基的功能分子，通过酰胺化或者酯化反应将功能分子嫁接到氧化石墨烯上。如美国加州大学（University of California）的课题组，利用酰胺化反应将十八胺上的氨基与氧化石墨烯上的羧基连接起来，制得长链烷基化的功能化石墨烯。该功能化石墨烯的厚度仅为 0.3 ~ 0.5 nm，并且可以溶解于四氢呋喃、四氯化碳等常用有机溶剂中。在此之后，美国斯坦福大学（Stanford University）的课题组，将具有生物兼容性的树枝状聚乙二醇分子通过酯化反应嫁接到氧化石墨烯上，制得了具有高水溶性、在生理环境中稳定的功能化石墨烯材料，该材料可以作为芳香性药物分子的载体。除了直接功能化方法外，还可以采用多官能团化合物作为桥梁，将其他活性基团先引入到石墨烯表面，然后再将功能分子嫁接到石墨烯上。

羟基共价键功能化：利用氧化石墨烯片层上的羟基进行功能化，是通过酯化反应将有机酸分子嫁接上，制备功能化石墨烯基材料。如美国宾夕法尼亚大学（University of Pennsylvania）的课题组，利用简单的水热反应，将一系列的苯基二硼酸与氧化石墨烯的羟基发生硼酯化反应，构筑了一系列的石墨烯框架结构材料。并通过理论计算与实验相结合的手段，研究了该系列材料在储氢材料方面的应用。同时，美国德克萨斯大学奥斯汀分校（University of Texas at Austin）的课题组，利用酯化反应将高分子聚合的引发剂 α-溴代异丁酰溴嫁接到氧化石墨烯片层上，然后通过原位聚合的方式，将聚苯乙烯、聚甲基丙烯酸甲酯等高分子复合到石墨烯表面，增加了石墨烯在有机相中的分散性，并且提高了高分子材料的物理化学性能。

环氧基共价键功能化：氧化石墨烯表面的环氧基团可以与亲核试剂进行开环反应，从而得到功能化的石墨烯基材料。如英国剑桥大学（University of Cambridge）的课题组，利用丙二腈阴离子与氧化石墨烯作用，得到了有机相可溶解的功能化氧化石墨烯。新加坡南洋理工大学（Nanyang Technological University）的课题组，利用聚烯丙胺盐酸盐来对金属氧化物进行修饰，得到表面氨基化的金属氧化物，然后通过氨基与氧化石墨烯表面的环氧基进行亲核加成反应，使石墨烯成功地包裹在金属氧化物表面，形成了石墨烯金属氧化物复合物，从而增强了该金属氧化物的储锂性能及循环效率。

碳骨架共价键功能化：对碳骨架上 sp^2 区域的功能化，主要是利用重氮化反应将功能化分子嫁接到石墨烯或者氧化石墨烯片层上。如美国北卡罗来纳大学教堂山分校（University of North Carolina at Chapel Hill）的课题组，利用氨基苯磺酸制备出重氮盐，然后与氧化石墨烯片层上的 sp^2 碳原子进行重氮化反应，将苯基磺酸引入到氧化石墨烯片层上，然后在对其还原，得到了可溶于水的功能化石墨烯，由此功能化石墨烯制得的薄膜电导率达到 1 250 S/m。在此之后，美国莱斯大学（Rice University）的课题组，也用类似的方法将对氨基苯硫酚嫁接到氧化石墨烯片层上，所制的这种功能化氧化石墨烯吸附重金属离子汞的能力比未功能化的石墨烯要强 6 倍，可以用于污水净化时重金属离子以及染料分子的吸收处理。

四、主要内容及意义

综合上述，自 2004 年成功制备出石墨烯以来，由于其独特的电学、光学、热学等性质，石墨烯及其衍生物一直受到科学界的广泛关注。经过十几年的发展，迄今为止石墨烯的制备已经不再是一个难题，如韩国三星电子制作的 30 英寸（对角线约 76 cm）石墨烯片，并成功地将石墨烯用在透明导电膜的触摸面板上，而且三星也已经制定出开发石墨烯产品群的蓝图；同时，氧化石墨烯目前也已经实现了公斤级生产。这些都为石墨烯产品走进人们的生活，真正实现石墨烯基材料的大规模应用奠定了坚实的基础。然而，功能化石墨烯基材料的制备仍然是一个广阔而富有前景的前沿领域。例如，如何开发更加简便、高效、绿色的功能化石墨烯方法；如何制备出高性能石墨烯基材料等科学问题仍有待进一步探讨和研究。

因此，笔者旨在探讨功能化石墨烯的新方法以及方便高效地制备高性能石墨烯基材料，探索它们在能源储存与转换领域中的应用，主要研究内容如下：

（1）在功能化石墨烯方法方面，通过分析总结当前功能化方法的优缺点，并结合该领域在国际研究中的最新进展，积极探寻简单方便、高效快捷的功能化石墨烯策略。首次通过引入疏水性的二茂铁连接剂分子，利用它和氧化石墨烯之间的 π–π 超分子作用来调控氧化石墨烯片层间作用力，实现氧化石墨烯自组装，制备三维的氧化石墨烯凝胶。此后，又发展了一种简单、高效、一步水相合成功能化氧化石墨烯的方法，并且该功能化氧化石墨烯材料可以很好地分散到常用的有机溶剂中。通过进一步研究发现，引入的这部分功能化官能团在氧化石墨烯液相还原的过程中，不但可以在一定程度上阻止石墨烯片层的聚集，而且还可以增强石墨烯在超级电容器应用方面的电化学性能。

（2）在制备高性能石墨烯基材料方面，设计了简单有效的合成路径来制备功能化石墨烯基材料，并研究了它在电化学能量储存方面的应用。将多硫化钠作为功能分子与氧化石墨烯片层上的羰基和环氧基团进行亲核加成反应，制备了石墨烯多硫化物。该材料应用到锂离子电池负极材料方面具有高容量、长循环及高库伦效率的优点，有望取代传统锂离子电池中的石墨电极，用于制备新一代高性能锂离子电池。

第二节 氧化石墨烯的制备及储能性能拓展

一、π 堆积诱导的自组装制备三维氧化石墨烯凝胶研究背景

二维的石墨烯及其衍生物由于具有优越的机械、热学、电学等性质而被认为是最有前景的新型材料。研究发现，石墨烯以及化学修饰后的石墨烯可以作为柔性电子器件或者能源储存与转化器件的电极材料。与二维的单层结构相比，三维的石墨烯基材料具有高的比表面积、高的孔隙率以及一些新颖的物理化学性质，可以广泛地应用到催化剂载体、药物传载、组织工程学、能源储存、传感器及执行器等领域。为了满足三维石墨烯材料应用的需求，有待深入研究的一个课题是如何将二维的石墨烯材料构筑成三维的结构。然而，制备具有可控孔结构以及层间距的三维材料依然是一个充满挑战性的热点研究课题。传统的方法是利用高温高压过程，将氧化石墨烯构筑成三维石墨烯凝胶。当然这也就导致了氧化石墨烯的还原，使石墨烯片层上含氧官能团的含量大大降低了，而这部分官能团的减小会直接导致该类材料的储氢性能下降。为此，就需要更加有效的方法来构筑三维氧化石墨烯凝胶，从而更大地扩展石墨烯基材料的应用范围。

氧化石墨烯分散在溶液中时，片层之间表现为静电排斥，所以，目前国际上主要是通过加入连接剂，利用氢键或者静电相互作用来调控氧化石墨烯片层间的作用力，从而实现氧化石墨烯片层由二维到三维的自组装。然而，这一类连接剂仅仅局限于一些亲水性的金属离子或者高分子，并且得到孔径分布可控的氧化石墨烯凝胶仍然是个难点。

我们本着简单、有效、经济的理念，首次提出了在室温下通过引入疏水性的二茂铁连接剂分子，利用它和氧化石墨烯片层之间的 $\pi - \pi$ 超分子作用力来调控氧化石墨烯片层间作用力的策略，实现了氧化石墨烯的自组装。并且进一步探讨了连接剂的用量与凝胶形成时间的关系，揭示了凝胶形成的机理。通过 X 射线粉末衍射（XRD）表征证明，我们可以通过控制连接剂的用量来控制凝胶的层间距分布。本方法拓展了氧化石墨烯凝胶的制备技术，该材料在储能、药物传载、传感器和执行器等方面具有潜在应用。

二、实验部分

（一）主要试剂

表 3-1 所用试剂、等级以及生产厂家

试剂	缩写	等级	生产厂家
天然石墨粉	C		青岛百川石墨有限公司
浓硫酸	H_2SO_4	分析纯	国药集团化学试剂有限公司
高锰酸钾	$KMnO_4$	分析纯	国药集团化学试剂有限公司
过氧化氢	H_2O_2	分析纯	国药集团化学试剂有限公司
二茂铁	Fc	分析纯	国药集团化学试剂有限公司
无水乙醇	EtOH	分析纯	国药集团化学试剂有限公司

（二）主要仪器

表 3-2 所用仪器名称、型号以及公司

仪器名称	型号	公司
冷冻干燥机	FD-1A-50	上海比朗仪器有限公司
扫描电子显微镜（SEM）	S-3400N Ⅱ	日本 Hitachi 公司
X 射线光电子能谱仪（XPS）	PHI 5000 Versa Probe	日本 ULVAC-PHI 公司
激光拉曼光谱仪（Raman）	WITEC CRM200	德国 WITEC 公司
X 射线粉末衍射仪（XRD）	D/MAX 2500	德国 Bruker 公司
热重分析（TGA）	DTG-60H	日本 Shimadzu 公司
物理吸附仪（BET）	ASAP2020	美国 Micromeritics 公司

（三）GO 的制备

GO 是根据改进的 Hummers 法制备的，具体过程如图所示。称取 1.0 g 天然石墨粉，加入 50 mL 浓 H_2SO_4，搅拌。在冰浴条件下，慢慢加入 6.0 g $KMnO_4$。然后在 30 ℃条件下搅拌 1 h 后，滴加 80 mL 去离子水，升温到 90 ℃，再搅拌 30 min。往体系中加入 200 mL 去离子水，滴加 6 mL 30% H_2O_2。再搅拌 10 min 后，离心洗涤数次，低温冷冻干燥。

图 3-2 氧化石墨烯的制备流程实物图

1. 加入 $KMnO_4$；2. 加入少量 H_2O 稀释；3. 继续加热；

4. 加入 H_2O_2；5. 离心洗涤；6. 冷冻干燥；7. 超声分散到水中

（四）氧化石墨烯凝胶的制备

配制 20 mg/mL 的 GO 水–乙醇溶液（1：1）以及一系列不同浓度的二茂铁（Fc）乙醇溶液（1～5 mg/mL），取 5 mL GO 溶液与等体积的 Fc 溶液混合，摇匀后静置，直至凝胶形成。将所得的凝胶置于大量的去离子水中，通过溶剂交换除去乙醇，然后至于冷冻冻干机中干燥，得到冻干后的氧化石墨烯凝胶（GOG）。凝胶的形成与否是通过将玻璃瓶翻转的方法来确定的。

三、结果与讨论

（一）GOG 形成的机理分析

GOG 形成的机理表明凝胶形成的主要驱动力是 Fc 与 GO 片层间的 π–π 超分子作用力。我们首先利用改进的 Hummers 法制得氧化石墨，然后经过超声剥离将其分散到水–乙醇溶液中，得到 GO 的水–乙醇溶液。由于含氧官能团的亲水性以及静电斥力作用，GO 可以很好地分散在溶液中。当 Fc 分子被引入到整个体系中时，由于 Fc 分子中两端的环戊二烯具有芳香性，可以通过 π–π 超分子作用而吸附到不同的 GO 片层上。随着 Fc 分子的不断吸附，Fc 和 GO 间的 π–π 超分子作用力表现得越来越明显，使得 GO 片层间的静电斥力越来越小；当这种 π–π 超分子作用力足够强时，最终导致三维 GOG 凝胶的形成。

（二）GO 成胶前后的形貌分析

从 GO 在形成凝胶前后不同放大倍数的扫描电子显微镜中可以看出，冻干后的 GO 由于片层间的相互静电斥力作用而发生随机的分布，呈现出介孔、无序的网络结构。当加入连接剂分子 Fc 使 GO 自组装成 GOG 后，GO 片层之间呈现出三维的交联网络结构，并且在 GOG 的扫描电子显微镜（SEM）中，没有看到 Fc 颗粒的存在，证明 Fc 分子均一地分布在了石墨烯片层上。

（三）XPS 能谱分析

为了进一步确定凝胶的形成是物理吸附的自组装过程，我们利用了 XPS 能谱来对 GOG 的成分进行分析。在 GO 的 C 1s XPS 能谱中，结合能为 284.6 eV、286.7 eV、288.0 eV 和 289.0 eV 处的峰分别归属为 C–C/C=C、C–O、C=O、O–C=O 等官能团，且碳原子与氧原子的个数比为 2.00。同样，在 GOG 中也观察到了这部分官能团，只是 C–C/C=C 的峰位移动到了 284.5 eV，证明 GO 片层与 Fc 之间存在 π–π 电子跃迁。与 GO 相比，GOG 的碳原子与氧原子的个数比增加到了 2.54，这主要是由连接剂分子 Fc 中 sp^2 杂化的碳原子引起的。

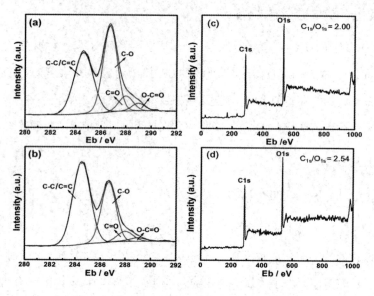

图 3-3 GO（a，c）和 GOG（b，d）的 XPS 图

然而与 GO 不同的是，GOG 的 XPS 能谱中增加了两个峰，分别位于 708.3 eV 和 721.1 eV，这是由二价 Fe 原子的 $Fe2p_{3/2}$ 和 $Fe2p_{1/2}$ 产生的。证明 Fc 分子的结构在成胶前后并没有发生改变，也说明了 GOG 的形成是一个物理吸附的自组装过程。根据 XPS 元素分析的结果，我们可以计算出 Fc 分子在 GO 片层上的大致分布情况，由于 GOG 中一个 Fe 原子对应 2 个环戊二烯分子，也就是说 GOG 中每引入一个 Fe 原子就会引入 10 个碳原子，所以 GO 中碳原子个数与 Fc 分子个数比 N_C 为：N_C=（70.98−1.02×10）/1.02=59.59。也就是说，在 GOG 中，GO 片层上平均约 60 个碳原子共用一个 Fc 连接剂分子。

表 3-3 GO 和 GOG 中的元素含量分析

样品	C 1s/%	O 1s/%	Fe2p/%
GO	66.63	33.37	0
GOG	70.98	28	1.02

（四）Raman 光谱及 TGA 分析

Raman 光谱也可以用于进一步确定凝胶的形成是物理吸附的自组装过程。成胶前，GO 显示出两个典型的分别位于 1 603 cm^{-1} 和 1 356 cm^{-1} 处的吸收峰，前者归因于石墨烯基材料的 G 带吸收，后者则归因于 GO 中由于缺陷和无序结构引起的 D 带吸收。然而在 GOG 的 Raman 光谱中，G 带和 D 带的吸收峰分别移动到了 1 588 cm^{-1} 和 1 352 cm^{-1} 处。G 带吸收的红移也证实了 GO 与 Fc 之间存在强的耦合以及电荷转移现象，这与 X 射线光电子能谱仪（XPS）观测到的结果完全相符。同时，从 GO 和 GOG 的热重分析（TGA）结果可知，随着温度的升高，GO 在 276 ℃的失重率为 18%，而 GOG 却在 312 ℃时发生分解，且失重率只有 9%。远远低于 GO 的失重率，说明 GOG 比 GO 具有更高的热稳定性。

（五）XRD 及 BET（Brunauer–Emmett–Teller）分析

为了证明 Fc 分子是凝胶形成的触发剂，我们对 Fc 的用量与成胶需要的时间以及由此得到凝胶的结构进行了初步分析。随着 Fc 用量的增大，成胶所需要的时间逐渐变短，直至恒定。这是由于凝胶形成的主要驱动力是 Fc 分子与 GO 片层间产生的 $\pi-\pi$ 超分子作用力，因此 Fc 的浓度越高，$\pi-\pi$ 超分子作用力就越强，凝胶形成的速度也就越快，需要的时间就越短；反之，需要的时间就越长。但是当 GO 的浓度过低时，例如 5mg/mL，就会由于凝胶骨架的机械强度太差而很难形成凝胶，而只是得到一些絮状的沉淀。通过 X 射线粉末衍射（XRD）表征分析发现，GO 的衍射峰位于 9.98°，对应石墨烯片层的晶面间距为 8.85 Å。当加入连接剂分子 Fc 成胶后，GOG 的衍射峰向小角度发生了移动，对应着更大的晶面间距。并且随着 Fc 分子用量的增大，衍射峰的位置移动越明显，得到 GOG 的晶面间距也就越大。比如当 Fc 溶液的浓度为 3 mg/mL、4 mg/mL、5 mg/mL 时，对应凝胶的晶面间距分别为 9.02 Å、9.33 Å 和 9.57 Å。由此可知，凝胶的晶面间距随着连接剂分子 Fc 的用量变化而发生变化，这就为调控凝胶的孔隙率及晶面间距提供了很好的思路。

借助氮气吸附脱附测试，我们对 GO 和 GOG 的比表面积和孔隙率进行了测定。单层石墨烯的理论比表面积高达 2 600 m^2/g，但是 GO 粉末往往由于片层的聚集现象而表现出很低的比表面积，所以实验中我们测得的 GO 的比表面积为 76 m^2/g。然而，在 GOG 中，由于 Fc 分子的交联作用，使 GO 片层发生折叠弯曲，从而导致 GOG 具有更大的比表面积（165 m^2/g）。根据 Barrett–Joyner–Halenda 方法计算出 GOG 的平均孔径大小为 6.61 nm，属于介孔范围，所以，GOG 在碳基电子器件、催化剂载体以及气体储存方面具有潜在应用。

第三节　石墨烯下合成材料的制备及在能源存储中的实践

一、水相合成杂环功能化石墨烯及其应用研究背景

石墨烯及其衍生物被视为未来最有前景的功能材料。然而，完美的石墨烯呈疏水性和化学惰性，所以很难分散在水中和有机溶剂中。为了增强石墨烯在溶剂中的分散性及液相可加工性能，目前主要是通过非共价键和共价键功能化修饰的办法，在解决以上问题的同时还可以赋予石墨烯一些新颖的光学、电学、力学等性质。非共价键功能化主要是利用功能分子与石墨烯之间的超分子作用力或范德华力来实现，由于这些作用力远远小于共价键作用力，所以对石墨烯性质的调控是有限的。相比较而言，共价键功能化可以更大程度地调控石墨烯的物理化学性质，

因而受到更为广泛的关注。共价键功能化主要是用 GO 作为前驱体，利用 GO 片层上的羧基、羟基、环氧基以及 sp² 区域与功能分子通过共价键连接，制备功能化石墨烯产物。

GO 通常是通过化学氧化剥离石墨，在石墨烯片层上引入羧基、羟基和环氧基的办法而制备的。这部分强亲水性官能团的引入，使 GO 可以很好地分散到水和部分有机溶解中；然而，这部分含氧官能团的引入也使得 GO 与大多数有机溶剂不相溶，从而导致还原后的氧化石墨烯在聚合物中容易发生不可逆的堆积聚集现象，这就大大地限定了石墨烯基材料在聚合物填充剂等方面的应用。为了解决这个难题，诸多科研工作者开展了大量工作，但焦点都落在共价键功能化 GO 上。具体包括对 GO 上 sp² 区域的重氮化反应、对羟基的酯化反应、对环氧基的亲核加成反应以及对羧基的酯化或者酰胺化反应。但是目前功能化 GO 的方法有其局限性，因为这些反应通常都是在有机溶剂中进行的，且操作比较繁杂、不符合绿色化学标准等。

另一方面，GO 一直被视为最具大规模、低成本工业化生产石墨烯基材料的有效途径，然而，GO 在液相还原过程中很容易发生不可逆地堆积和聚集，导致比表面积和孔隙率的大幅降低，这就不利于石墨烯在能源储存领域方面的应用。为此，我们提出了一种简单方便，水相合成功能化 GO 的策略，由此所得到的材料可以很好地分散到常用的有机溶剂中。通过 AFM 表征，该材料仍然保持单片层的形式，片层厚度和表面粗糙度都有所提高。该方法拓展了石墨烯的功能化制备方法，所制备的功能化 GO 在高分子复合材料以及有机半导体器件领域具有潜在应用。通过进一步地研究，我们发现引入的这部分官能团不仅可以在 GO 还原时在一定程度上阻止石墨烯片层的聚集，还可以通过自身的电化学反应增强石墨烯的电化学性能。

二、实验部分

（一）主要试剂

表 3-4 所用试剂、等级以及生产厂家

试剂	缩写	等级	生产厂家
石墨粉	C		Sigma-Aldrich 公司
浓硫酸	H_2SO_4	分析纯	Sigma-Aldrich 公司
高锰酸钾	$KMnO_4$	分析纯	Sigma-Aldrich 公司
过氧化氢	H_2O_2	分析纯	Sigma-Aldrich 公司
多聚磷酸	PPA	分析纯	Sigma-Aldrich 公司
邻苯二胺	OPD	分析纯	Sigma-Aldrich 公司
邻羟基苯胺	OAP	分析纯	Sigma-Aldrich 公司

（二）主要仪器

表 3-5 所用仪器名称、型号以及公司

仪器名称	型号	公司
傅里叶转变红外光谱（FTIR）	NEXUS 670	美国 Nicolet 公司
场发射扫描电子显微镜（FESEM）	JEOL JSM-6700F	日本 JEOL 公司
透射电子显微镜（TEM）	JEOL JEM-2010	日本 JEOL 公司
X 射线光电子能谱（XPS）	PHI 5000 Versa Probe	日本 ULVAC-PHI 公司
激光拉曼光谱仪（Raman）	WITEC CRM200	德国 WITEC 公司
X 射线粉末衍射仪（XRD）	D/MAX 2500	德国 Bruker 公司
热重分析（TGA）	DTG-60H	日本 Shimadzu 公司
电化学工作站	CHI 760D	上海辰华仪器有限公司
原子力显微镜（AFM）	DP-AFM	德国 Bruker 公司

（三）GO 的制备

采用改进的 Hummers 法制备 GO，具体过程与所描述的 GO 的制备相同。

（四）功能化 GO 的制备

取 800 mg 干燥的 GO，加入 400 mL 去离子水中，超声分散 30 min 后，制得 2 mg/mL 的 GO 水溶液。向其中加入 3.5 g 功能化试剂（邻氨基苯酚或邻苯二胺），再超声 5 min，并在高速搅拌下加入 5 mL PPA，然后在避光氮气保护的条件下，室温搅拌一个星期。所得的产品通过过滤来收集，并用稀盐酸溶液（$V_{HCl}/V_{H_2O}=1:2$）反复洗涤 4 次，然后再用去离子水洗涤 6 次，直到滤液的 pH 接近中性，最后将所得的固体置于真空干燥箱中干燥 24 h。并将邻氨基苯酚和邻苯二胺得到的功能化氧化石墨烯分别命名为 BO-GO 和 BI-GO。

三、结果与讨论

（一）GO 的功能化过程及溶解性

BO-GO 与 BI-GO 的是通过 GO 片层上的羧基与 OAP 及 OPD 上的羟基及氨基进行环化反应而制备的，具体的机理与有机合成中制备杂环化合物是类似的。由于 BO-GO 与 BI-GO 的合成过程非常相似，我们就以 BO-GO 作为模型来描述整个过程。在反应的初步阶段，GO 首先被 PPA 活化形成 GO 与 GO- 磷酸酐的动态平衡过程；同时，OAP 分子中的氨基也被质子化并伴随羟基变成磷酸酯的反应，整个过程也是一个动态平衡的；紧接着，剩余没有反应的羟基基团与 GO- 磷酸酐反应生成酯，然后经过快速的酰基迁移，并在 H⁺ 催化下同时发生关环反应生成噁唑杂环。

由于杂环官能团的引入，使制得的功能化 GO 可以很好地溶解到常用的有机溶剂中，如 BO-GO 可以溶解到乙腈、丙酮、N- 甲基吡咯烷酮和 N,N- 二甲基甲酰胺中，BI-GO 可以溶解到 N-

甲基吡咯烷酮、N，N–二甲基甲酰胺和四氢呋喃中，并且都保持了很好的稳定性。

（二）功能化 GO 的结构确认

借助傅里叶转变红外光谱（FTIR）、X 射线光电子能谱仪（XPS）、激光拉曼光谱仪（Raman）、热重分析（TGA）等表征方法，我们确定了功能化 GO 的结构。在红外光谱中，GO 最特征的吸收峰是位于 1 730 cm^{-1} 处的羧基伸缩振动吸收峰。而 BO–GO 的红外吸收谱中，只能观测到很弱的羧基吸收峰（1 728 cm^{-1}），表明 GO 在功能化后羧基含量的减少。并且在 1 544 cm^{-1} 和 1 359 cm^{-1} 处观测到了两个新的吸收峰，这可以分别归因于 BO–GO 中噁唑环的 C=N 和 C–N 键的伸缩振动吸收。同时在 BI–GO 的红外光谱中，羧基的吸收峰完全消失了，证明羧基的完全去除或转化。并且在 1 520 cm^{-1} 处出现了碳骨架的伸缩振动峰，在 1 544 cm^{-1} 和 1 359 cm^{-1} 处出现了 C=N 和 C–N 键的伸缩振动吸收峰。以上结果证明 OAP 和 OPD 被成功地嫁接到了 GO 片层上，得到了苯并噁唑和苯并咪唑功能化的 GO。

我们利用 XPS 能谱对功能化 GO 进了结构的详细分析。在 GO 的 C 1s XPS 能谱中，结合能位于 284.6 eV、286.7 eV、288 eV 和 289 eV 处的峰分别归属于 C–C、C–O、C=O 和 O–C=O 键的吸收，并且没有观测到 N 原子的存在。在 BO–GO 和 BI–GO 的 C 1s XPS 能谱中，这部分官能团的结合能与 GO 相近，没有发生大的改变。值得注意的是，BO–GO 和 BI–GO 中均观测到了结合能位于 285.6 eV 的一个峰，这是由于功能化过程引入了 C–N 键。同时，氮原子在 BO–GO 和 BI–GO 中的含量分别是 1.4% 和 3.4%。

为了进一步研究 N 原子在 BO–GO 和 BI–GO 中的成键形式，我们对 N 1s XPS 能谱进行了分析。在 BO–GO 的 N 1s XPS 中，观测到了一个结合能位于 399.1 eV 的吸收峰，归属于吡啶形式存在的 N 原子，证明了 BO–GO 中噁唑环的存在。而在 BI–GO 中，N 1s 的峰可以拟合成结合能位于 398.9 eV 和 400.1 eV 两个峰，分别归属于吡啶和吡咯形式存在的 N 原子，证明了 BI–GO 中咪唑环的存在。以上结果证实，OAP 和 OPD 分子是通过形成苯并噁唑和苯并咪唑的方式嫁接到 GO 片层上的。

Raman 光谱和热重分析（TGA）结果也可以证明 GO 的功能化。在 GO 的拉曼光谱中，典型的 G 带和 D 带吸收分别位于 1 604 cm^{-1} 和 1 354 cm^{-1} 处。BO–GO 的 G 带和 D 带吸收则分别位于 1 580 cm^{-1} 和 1 394 cm^{-1} 处，并伴随着 6 个典型的噁唑环吸收峰，分别位于 1 146 cm^{-1}、1 197 cm^{-1}、1 230 cm^{-1}、1 249 cm^{-1}、1 444 cm^{-1} 和 1 637 cm^{-1} 处。同样，BI–GO 的 G 带和 D 带吸收移动到了 1 606 cm^{-1} 和 1 366 cm^{-1} 处，并伴随着 2 个典型的咪唑环吸收峰，分别位于 1 154 cm^{-1} 和 1 524 cm^{-1} 处。以上结果证明了 BO–GO 中存在噁唑环，BI–GO 中存在咪唑环。与此同时，GO 中 D 峰与 G 峰的比值为 0.99，而在 BO–GO 和 BI–GO 中的比值却增加到了 3.93 和 1.13，

说明功能化后的 GO 片层上含氧官能团的减少以及大量缺陷结构的出现，这与傅里叶转变红外光谱（FTIR）检测到的结果是一致的。

热重分析（TGA）用于进一步确定功能化前后 GO 的热稳定。可知，GO 与功能化后的 GO（BO–GO 和 BI–GO）都在 100 ℃以下就开始失重，这主要是由吸附在 GO 片层上的水分子脱除时导致的。然而，它们都在 150 ～ 200 ℃呈现出一个相对较大的失重率，这主要是由于 GO 片层上官能团的去除所导致的。与 GO 相比较，BO–GO 和 BI–GO 的失重率远远小于 GO，证明功能化 GO 与 GO 相比具有更高的热稳定性。

（三）功能化前后 GO 的微观形貌

通过 AFM 测试，我们对 GO 在功能化前后的形貌进行了一定的研究。GO、BO–GO 和 BI–GO 在 Si/SiO$_2$ 基底上的 AFM 显示，GO 单片层的厚度大概是 1.1 nm，这与以前的结论是一致的。而单片层的 BO–GO 和 BI–GO 的厚度则分别为 1.6 nm 和 1.4 nm，与 GO 相比，表现出更大的厚度，这个主要是由引入的官能团所导致的。更值得注意的是，BO–GO 和 BI–GO 的表面形貌相对比较粗糙，证明功能化后的 GO 片层上存在较大的缺陷，这与 Raman 光谱观测到的结果是一致。

（四）功能化 GO 的应用探讨

由于功能化后的 GO 具有较好的溶解度，所以在石墨烯基半导体器件、功能材料等领域具有潜在应用。由于共价键功能化可以调控石墨烯的电学性质，所以我们将制备的功能化 GO 进行了还原（水合肼还原），以便进一步研究它们的电学性质。通过 XPS 能谱分析，发现还原后功能化 GO 上的含氧官能团（C–O、C=O、O–C=O 等）含量大幅减低。

进一步的 X 射线粉末衍射（XRD）表征发现，还原后的功能化石墨烯都有两个主要的衍射峰，一个大概在 2θ =13° ～ 16° 处，这是由于功能化过程引入的苯并噁唑和苯并咪唑官能团阻止了石墨烯片层的聚集，从而导致了增大的石墨烯片层间距。而另外一个位于 2θ =26.3° 的衍射峰，则是由于石墨烯片层上没有功能化的区域发生堆积所导致的，这一结果与典型的化学还原氧化石墨烯的峰位是一致的。X 射线粉末衍射（XRD）结果表明，功能化后的石墨烯片层由于苯并噁唑和苯并咪唑官能团的存在，可以在一定程度上阻止其聚集。

通过场发射扫描电子显微镜（FESEM）对功能化石墨烯的微观形貌分析，发现还原后的功能化石墨烯仍然可以保持层状的结构，同时没有发现大面积的石墨烯片层堆积现象，证明得到的功能化石墨烯产物可以有效地阻止石墨烯片层的堆积，这与 X 射线粉末衍射仪（XRD）观测到的结果是一致的。

透射电子显微镜（TEM）结果也表明 BO–G 和 BI–G 中的石墨烯片层呈现出薄的、褶皱状结构，片层间随机的堆积、交联，就像透明的波纹。由于石墨烯片层的聚集越小、比表面积值越大，石墨烯的电化学性能就会越好，所以 BO-G 和 BI-G 的结构将利于增强石墨烯基材料的电化学性能。因为它们随机交联的结构可以形成三维的导电网络结构，从而增强电子在活性材料与集流体间的传导速率，同时，由于引入的这部分官能团可以增加额外的电化学反应，从而可以增强石墨烯的电化学性能。

为此，我们将此功能化石墨烯作为超级电容器的电极材料，并通过循环伏安扫描（CV）、恒电流充放电等测试来探讨其电化学性能。BO-G 和 BI-G 两种材料在不同扫描速度下的 CV 曲线表明，BO-G 有 2 个氧化峰（A_1=-0.09 V，A_2=0.27 V）和 3 个还原峰（C_1=-0.24 V，C_2=-0.14 V，C_3=0.15 V）。氧化峰 A_1 和还原峰 C_1 及 C_2 是由于 BO-G 片层上剩余的含氧官能团的电化学反应；第二对氧化还原峰 A_2/C_2 可以归属为苯并噁唑环在电极与电解液界面间的法拉第反应。

BI-G 具有一对氧化还原峰，分别位于 A'_1=-0.04 V 和 C'_1=-0.23 V 处，是由于石墨烯片层上的苯并咪唑环的电化学反应所产生的。

根据 CV 曲线算出的 BO-G 和 BI-G 的最大比电容值分别是在 5 mV/s 扫描速度下的 289 F/g 和 279 F/g。不同扫描速度下对应的比电容值，随着扫描速度的增大，比电容值不断地减小，这是由于降低的扩散限制作用引起的。

利用恒电流充放电分析，我们进一步对 BO-G 和 BI-G 的电化学行为进行了评估。不同电流密度下的充放电曲线展示，BO-G 和 BI-G 均显示出非线性的充放电过程，表明电极材料发生了法拉第反应，这与 CV 曲线观测到的结果是一致的。BO-G 在充放电速率为 0.1 A/g、0.4 A/g、0.8 A/g 下的比电容值分别为 730 F/g、391 F/g、296 F/g；BI-G 在充放电速率为 0.1 A/g、0.4 A/g、0.8 A/g 下的比电容值分别为 781 F/g、410 F/g、367 F/g。与化学还原的石墨烯相比，BO-G 和 BI-G 具有更高的比电容值，证明苯并噁唑和苯并咪唑环的引入可以增加石墨烯的电化学效率。

循环稳定性是超级电容器实际应用时的一个重要参数，所以我们也对 BO-G 和 BI-G 的循环稳定性做了研究。BO-G 和 BI-G 在 100 mV/s 下的循环稳定性，经过 2 000 次循环测试后，BO-G 的比电容值没有发生大的变化，且在最初的 500 次循环中，比电容值在不断地增加，这是由于电极材料的逐渐活化造成的；而 BI-G 在 2 000 次循环后，比电容值仍然保持了原有电容量的 85%，说明 BO-G 和 BI-G 材料具有非常好的循环稳定性。BO-G 和 BI-G 材料良好的电化学性能主要归因于其独特的层状结构及其丰富的电活性官能团，这不仅利于电解液对电极材料的充分浸润，而且可以通过这部分官能团的电化学反应，增强石墨烯的电化学性能。

第四节 基于锂离子电池的石墨烯新型材料制备与探究

一、新型石墨烯多硫化物的合成及其应用研究背景

近年来，由于化石能源的大量消耗，能源危机和全球变暖成为当今世界可持续发展急需解决的两大难题，也因此，人们开始认识到可再生能源的重要性。为此，能源储存与转化工艺即将得到难得的发展机遇，同时，也面临着严峻的挑战。所以，开发寻找更高能量密度、更高功率密度以及更长循环寿命的锂离子电池材料，倍受能源研究领域科研工作者的关注。传统的锂离子电池是用锂过渡金属氧化物或其磷酸盐作为正极，石墨材料为负极；由于该类正极材料的理论容量为 $150 \sim 200 \ mA \cdot h/g$，负极材料的理论容量为 $372 \ mA \cdot h/g$，因此电池的实际容量就被限定到了大约 $300 \ mA \cdot h/g$。所以，寻找用于新一代锂离子电池的新型高性能碳基负极材料也就受到了极大的关注。到目前为止，各种碳基材料，如碳纳米管、碳纤维、介孔碳以及它们的复合材料都得到了广泛的研究。石墨烯及其衍生物由于具有优越的导电性、高的比表面积及稳定的化学性质，也被认为是潜在的锂离子电池负极材料。然而，如何制备高性能石墨烯基负极材料，尤其是适合大面积连续工业化生产的方法，仍然是当今的一个难题。

有机硫化物，如有机硫醇化合物、有机二硫化物和含硫的有机高分子等，具有高的理论容量、生产成本低及不污染环境等优点，而被广泛地应用到了锂离子电池电极材料的研究。这其中，有机多硫化物由于含有大量的 S–S 键又受到了特别的关注，因为这一类化合物是通过 S–S 键的可逆断裂与键合来释放和储存能量的，所以储存的能量会随着 S–S 键含量的增大而不断增大。不幸的是这一类材料在用于电池测试的时候，由于多硫链会溶解于电解质，而常常发生容量的不断衰减，其衰减机理就像硫单质用于电池测试时容量衰减一样。化学氧化剥离法制得的氧化石墨烯也可以被视为尺寸较大、结构无序并含有一系列具有反应活性位点的有机二维高分子。所以，可以将具有高储锂性能的多硫键引入到石墨烯片层中，与石墨烯的高电导性及其自身的储锂性能整合到一起，同时利用 C–S 键及石墨烯的高比表面积来限定多硫键的溶解，制备出新型的高性能石墨烯电池负极材料。

我们发展了一种简单有效的方法来制备新型的石墨烯基负极材料，通过氧化石墨烯与多硫化钠的共混处理，然后将其还原得到石墨烯多硫化物。将由此制得的石墨烯多硫化物应用到锂离子电池负极测试时，该类材料表现出了超高的比电容值、良好的比率放电能力以及超长的循

环效率。由于该方法操作简单，并且可以应用于其他碳基材料（如碳管、碳纤维、碳球及介孔碳等），所以，有望实现大规模工业化生产高性能碳基材料在锂离子电池负极材料方面的应用。

二、实验部分

（一）主要试剂

表 3-6 所用试剂、等级以及生产厂家

试剂	缩写	等级	生产厂家
天然石墨粉	C		Sigma-Aldrich 公司
浓硫酸	H_2SO_4	分析纯	Sigma-Aldrich 公司
高锰酸钾	$KMnO_4$	分析纯	Sigma-Aldrich 公司
过氧化氢	H_2O_2	分析纯	Sigma-Aldrich 公司
硫化钠	$Na_2S \cdot 9H_2O$	分析纯	Sigma-Aldrich 公司
硫粉	S	分析纯	Sigma-Aldrich 公司
水合肼	N_2H_4	98%	Sigma-Aldrich 公司

（二）主要仪器

表 3-7 所用仪器名称、型号以及公司

仪器名称	型号	公司
傅里叶转变红外光谱	NEXUS 670	美国 Nicolet 公司
透射电子显微镜（TEM）	JEOL JEM-2010	日本 JEOL 公司
X 射线光电子能谱（XPS）	PHI 5000 Versa Probe	日本 ULVAC-PHI 公司
X 射线粉末衍射仪（XRD）	D/MAX 2500	德国 Bruker 公司
BTS 高精度电池检测系统	TC53	深圳新威尔电子有限公司
电化学工作站	CHI 760D	上海辰华仪器有限公司
原子力显微镜（AFM）	DP-AFM	德国 Bruker 公司

（三）GO 水溶液的制备

采用改进的 Hummers 法制备 GO，具体过程与 GO 的制备所描述的相同。然后，称取 800 mg 样品超声分散到 400 mL 水中，得到 2 mg/mL 的 GO 溶液。用 KOH 稀溶液将溶液的 pH 值调至 7 ~ 8 后，于 1 000 r/min 离心 10 min，以去除没有剥离的颗粒。随后，加入 1 g 十二烷基硫酸钠，超声分散 5 min，得到 GO 的水溶液。

（四）多硫化物水溶液的制备

称取 3.85 g $Na_2S \cdot 9H_2O$ 加入 70 mL 水中，然后加入硫粉，并在超声的条件下不断地搅拌，直至得到透明的溶液。通过加入不同含量的硫粉，可以得到不同多硫链长度的多硫化钠溶液，如 0.512 g 硫粉得到二硫化合物、1.024 g 硫粉得到三硫化合物、1.536 g 硫粉得到四硫化合物以及 2.048 g 硫粉得到五硫化合物。随着多硫链的增长，溶液的颜色从黄色逐步变为了棕黄色，具体发生的化学反应可以用如下方程式来表示：

$$Na_2S + (x-1)S = Na_2S_x \ (x=2,3,4,5)$$

（五）石墨烯多硫化物的制备

将由制得的多硫化物水溶液在氮气保护下，分别滴加到上述配制好的 GO 水溶液中，然后在 80 ℃下回流 24 min。抽滤收集沉淀，并用去离子水洗涤几次，然后将沉淀重新超声分散到 400 mL 去离子水中。紧接着加入 7 mL 水合肼，并在 80 ℃下回流 24 min 后，抽滤，用去离子水反复洗涤多次，并置于 120 ℃真空干燥箱中干燥 12 min。根据产品中多硫链长度的不同，将 Na_2S_2、Na_2S_3、Na_2S_4 和 Na_2S_5 所制得的产品依次命名为石墨烯二硫化物（G2S）、石墨烯三硫化物（G3S）、石墨烯四硫化物（G4S）以及石墨烯五硫化物（G5S）。

三、结果与讨论

（一）石墨烯多硫化物的制备过程

石墨烯多硫化物的制备过程及其基本结构展示，具体过程是由多硫化钠分子中的多硫离子与 GO 片层上的碳基及环氧基之间进行亲核加成反应，将多硫键引入到 GO 片层上，然后再通过进一步的还原除去 GO 片层上的其他含氧官能团，最终得到石墨烯多硫化物（GPS）。

（二）石墨烯多硫化物的结构表征

通过傅里叶转变红外光谱（FTIR）、X 射线光电子能谱仪（XPS）、激光拉曼光谱仪（Raman）、X 射线粉末衍射仪（XRD）等表征，我们对 GPS 的结构进行了分析。在红外光谱中，GO 呈现出两个特征的吸收峰，分别归属于其片层上的 C=O（$1\,733\ cm^{-1}$）和 C–OH（$1\,229\ cm^{-1}$）。然而在 GPS 材料中，却没有发现这部分含氧官能团的吸收峰；相反，在 $1\,167\ cm^{-1}$ 和 $710\ cm^{-1}$ 处出现了新的吸收峰，可以分别归属于 GPS 中 C–S 和 S–S 键的伸缩振动吸收，充分证实了多硫键被成功地引入到了石墨烯片成上。而与 GO 相比，在 $1\,543\ cm^{-1}$ 出现的吸收峰则归因于肼还原过程中，带来的氮原子掺杂，由芳环氮原子上 N–H 键的伸缩振动所产生的吸收。同样，在 GPS 的 C 1s XPS 能谱中也观察到了相同的结果，G2S、G3S、G4S 和 G5S 中均观测到了 C–N（$285.6\ eV$）的存在，这与之前的肼还原时发生氮原子的掺杂结果是一致的。而且，GPS 中氧原子的含量都很低，还原后 C 原子与 O 原子的比值明显增加了，证明了含氧官能团的有效去除。更重要是的，与 GO 相比，GPS 材料的 XPS 能谱中明显检测到硫原子的存在（GPS 的 XPS 能谱中位于结合能 $162.1\ eV$ 处），证明多硫键被成功地引入到了石墨烯片层上；并且随着多硫键的增长，硫原子在 GPS 中的含量也不断增加。

为了进一步研究硫原子在 GPS 中的成键形式，我们又对其进行了高分辨 S2p XPS 能谱分析，发现它们 S2p 轨道的吸收峰都可以拟合成三个峰，分别位于结合能在 $163.4\ eV$、$164.7\ eV$

和 168.2 eV 处。位于较低结合能处（163.4 eV 和 164.7 eV）的两个吸收峰是由于 C–S 键和 S–S 键的吸收引起的，证明多硫键成功地引入到了石墨烯片层上，这个结果与前面红外光谱得到的结果是一致的。而在较高结合能处（168.2 eV）的吸收峰，则是由于残留在石墨烯中的硫酸根离子导致的。

在 Raman 光谱中，GO 和 GPS 材料均显示了两个典型的特征吸收峰，分别是位于 1 340 cm^{-1} 处由碳基材料的缺陷和无序结构引起的 D 峰，以及位于 1 589 cm^{-1} 处由 E$_{2g}$ 声子振动引起的 G 峰。与 GO 相比，GPS 的 D 峰与 G 峰的吸收频率没有发生大的改变，但是 D 峰与 G 峰的比值却明显增加了，这是由于 GPS 的无序结构以及多硫键的掺杂引起的，同时也表明了 GPS 的石墨化程度比较低。同样的结果在 X 射线粉末衍射仪（XRD）的衍射谱中也得到了验证，原始的石墨在 2θ=26.5° 和 54.7° 处各有一个衍射峰，分别对应着石墨 002 和 004 的晶面衍射。然而，GPS 材料的衍射峰出现在 $2\theta \approx$ 23° 左右，对应的晶面间距为 0.386 nm，比石墨的晶面间距（0.336 nm）略有增大。这一结果表明多硫键的引入可以在一定程度上阻止石墨烯片层的堆积，并且可以观察到，随着 GPS 中多硫键的增长，衍射峰逐渐向小角度移动，也就是对应着更大的晶面间距。这一特点将利于电解液对材料的充分浸润，从而更加利于离子及电子在电极材料与电解液间的传输。而 GPS 相对比较宽的 002 晶面衍射峰也再次说明了其结构的无序性和较低的石墨化程度。

（三）石墨烯多硫化物的微观形貌

通过场发射扫描电子显微镜（FESEM）和透射电子显微镜（TEM）等表征，我们对 GO 和 GPS 的微观形貌进行了分析。由于氧化石墨片层上含氧官能团的亲水性及电离，所以使其很容易在水中实现剥离，得到稳定的单层 GO 溶液。剥离后的 GO 尺寸分布很广，从几百个纳米到几个微米都有分布，片层的厚度大概是 1.1 nm。

场发射扫描电子显微镜（FESEM）结果表明，GPS 材料由于石墨烯片层之间的重新堆积而显示出类似石墨的结构。在 X 射线能量色散谱（EDS）中，也可以发现硫元素的存在，证明了多硫键被成功地整合到石墨片层上。随着多硫键的增长，我们发现石墨烯片层的堆积程度明显下降，说明多硫键的引入可以在一定程度上阻止石墨烯片层的堆积，这一结果与前面 X 射线粉末衍射（XRD）得到的结果是一致的。根据 EDS 检测的结果，我们可以得到硫元素在 GPS 中的含量，随着多硫键的增长，硫原子在 GPS 中的含量也随之增加，与前面 XPS 能谱分析得到的结果是一致的。

GO 的透射电子显微镜（TEM）结果显示出薄片状、类似透明的波纹，TEM 元素成像分析表明氧原子在石墨烯片层上是均一分布的。而 GPS 则显示出石墨烯片层的随机聚集以及弯曲堆积的交联形状，这样的结构将利于离子及电子在电极材料与电解液间的传输，从而增强 GPS 的电化学效率。同样，从 G5S 的 TEM 元素成像中，我们也发现了硫元素在石墨烯片层上是均一分布的。

（四）石墨烯多硫化物的电化学性能

我们将 GPS 材料作为正极组装到标准的半电池中，来进一步研究该类材料的储锂性能。从它们的循环伏安（CV）测试中可以发现，该类材料具有显著的氧化还原峰，这与普通的碳基材料的 CV 图明显不同（普通的碳基材料没有氧化还原峰），却与报道过的有机硫化物材料的 CV 图非常吻合。这也一特点也再次说明了我们成功地将多硫键整合到了石墨烯片层上，得到了石墨烯多硫化物。

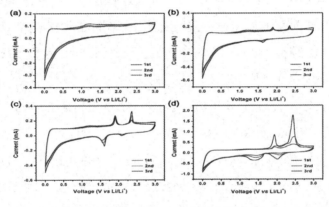

图 3-5 G2S、G3S、G4S 和 G5S 的 CV 图

G5S 的两对氧化还原峰分别出现在 1.92/2.00 V 和 2.43/1.41 V 处，表明其电化学反应是分两步完成的，具体可能是涉及以下的反应过程：位于 2.00 V 的还原峰是由于长链 S—S 键的断裂产生多硫化锂；随后多硫化锂在经过电化学反应转变成硫化锂，而在 1.41 V 出现另外一个还原峰。与此对应的两个阳极氧化峰则分别位于 1.92 V 和 2.43 V，这是由于 S—S 键的重新键合而引起的。由于 S—S 键在这个电化学过程中发生着可逆的断裂与键合，所以 GPS 材料的储锂能力很强，并且具有超长的循环稳定性。

从 GPS 材料在电流密度为 250 mA/g 的条件下，充放电电容以及电池的库伦效率与循环圈数的关系可以看出，该类材料具有非常高的比电容，特别是在第一次循环时，G5S、G4S、G3S、G2S 的比电容分别高达 2 435 mA·h/g、1 765 mA·h/g、1 476 mA·h/g 和 1 362 mA·h/g。非常有趣的是，该类材料的比电容值在大约 50 次循环以前都不断地降低，此后比电容又不断地上升。

这一现象可以归结为：

1. 在首次放电过程中，大量锂离子的嵌入导致活性材料体积迅速膨胀，阻碍了内层材料与电解液的接触；

2. 电极材料需要经过一定循环次数的活化过程，因为石墨烯片层在还原时部分发生了不可逆的堆积，所以电解液在一开始的时候就很难浸润到活性材料的内部，导致容量不断降低。

随着锂离子对活性材料的不断插层与脱除，石墨烯的片层间距又会被慢慢地打开，电解液就可以充分地浸润整个电极材料，使其利用率升高，实现比电容的不断升高。

值得注意的是，我们发现石墨烯片层中引入的多硫链越长，得到产物的比电容值也就越大，也就是说比电容值 G5S>G4S>G3S>G2S，这是由于 S–S 键的含量增加所导致的。当然，这也是由于石墨烯片层上引入更长的多硫链时，得到的石墨烯多硫化物的导电性也就越高。在电化学阻抗谱中，从 G2S 到 G5S 样品，它们在高频区表现出来的半圆直径越来越小，也就是说样品的阻抗逐渐变小，说明样品的导电性逐渐升高。更重要的是，GPS 材料均表现出了超长的循环稳定性，并且在经过最初的几次循环后，库伦效率一直保持在 99% 以上。特别是 G5S 在经过了 340 次循环后，比电容值仍然可达 1 763 mA·h/g，这个比电容值大约是商用石墨电极(372 mA·h/g) 的 5 倍，同时也远远高于其他报道过的碳基负极材料。

比率放电能力也是电池实际应用中的一个重要参数，为此我们也研究了 G5S 的比率放电性能。在 250 mA/g、600 mA/g、800 mA/g 和 1 000 mA/g 的充放电速率下，G5S 的比电容与循环次数的关系说明，经过 180 次循环后，其比电容值分别保持在 1 194 mA·h/g、834 mA·h/g、837 mA·h/g 和 716 mA·h/g。说明 G5S 具有很高的比率放电能力，即便是在大电流密度下进行充放电也可以保持较高的比电容和超过 99% 的库伦效率。这么优异的电化学性能主要是归因于 G5S 材料具有均一结构：首先，石墨烯片层不但可以为电子的快速传输提供通道，也由于其大的比表面积而可以提供大的电解液接触界面供锂离子传输；这一特点也就减小了锂离子传输的长度，并且可以保持电极材料在充放电过程中体积不会发生大的变化。其次，大量键合到石墨烯片成上的多硫键以及石墨烯本身高的储锂性质，确保了该材料具有很高的储锂性能。综上所述，通过简单的修饰，可以将具有高储锂性能的多硫键引入到石墨烯片层上，得到高性能的锂离子电池负极材料。

第四章 硬碳材料的制备及其在能源存储领域功能剖析

第一节 硬碳嵌入吸附的储存理论

一、硬碳材料的储钠机理概述

（一）研究背景

能源是人类赖以生存的物质基础。目前，人类生产、生活的能源主要源于化石燃料，随着经济发展和科技进步，人类对全球能源需求量迅猛增长，以及过度地使用化石燃料导致了不可再生能源的储量日益枯竭，并引发了一系列的环境、能源问题。为了改变这一现状，人们将目光转了向更加绿色环保的可再生能源，例如风能、太阳能、地热能、水能等。这些无污染或低污染新能源开发与利用，可以很好地解决部分化石燃料不足的问题，并能够缓解能源危机和减少化石燃料对环境的污染。然而这些绿色可再生能源受地域、季节和气候等因素影响很大，导致这些清洁可再生能源的大范围普及应用受到极大限制。所以当务之急是解决这些可再生能源的储存及转换问题，使这些绿色电能灵活安全地并入电网以供生活生产使用。在储能技术中电池储能凭借其应用灵活，维护便利，存放电响应快，能源转换效率高等优势，被认为在大型储能设备上最有前景的技术之一。

锂电池凭着能量密度高、放电平台高、稳定性好、体积小、质量轻等优点在众多的电池储能中脱颖而出，尤其是从索尼公司实现锂离子电池的商品化以来，锂离子电池被广泛地应用于手机、笔记本电脑等便携式小电子设备和电动车、火箭、潜艇等移动式装备的动力系统。近年来，随着小电子设备、电动汽车及智能电网系统的高速发展与普及，商业化的锂离子电池的需求量呈现爆炸式增长，锂资源的价格及有限性储量越来越受到人们关注。有权威调查报告显示，按照目前锂资源的发展需求水平，锂资源可能会在本世纪中后期被消耗殆尽。因此，开发资源储备量丰富、成本低廉、安全性能好的新型"非锂"电池（如钠离子电池、镁离子电池、钾离子电池、铝离子电池）成为能量储存和转换领域的研究热点。

（二）钠离子电池概述

在所有地壳元素丰度中排名第六（含量约为 2.74%）的钠元素，与锂元素都属于碱金属系列，有着相似的化学和物理性能。锂离子电池成功的商业化应用，让人们对钠离子电池的发展与应用看到了广阔的前景。众多学者认为丰富储量和低廉价格的钠离子电池更适合大规模储能。这使得钠离子电池的研究在化学储能领域的研究中占据重要的位置，促进了钠离子电池的快速发展。

目前，钠离子电池主要由正极材料、负极材料、电解液、隔膜、导电剂、粘结剂等组成。其中，常见的正极材料主要有层状氧化物（Na_xCoO_2、Na_xNiO_2，$0<x<1$）、隧道结构氧化物（Na_xMnO_2、$NaTi_xMn_yO_2$）、聚阴离子型化合物 [$Na_3V_2(PO_4)$、$NaVPO_4F$] 和普鲁士蓝 $\{KFe[Fe(CN)_6]\}$等；主要的负极材料包括碳材料（膨胀石墨、石墨烯、硬碳等）、合金类材料（Sb、Sn、Ti等）、金属氧化物（Fe_2O_3、CuO、CoO 等）和硫化物（FeS_2、Ni_3S_2、MoS_2 等）等；电解液主要由 $NaPF_6$ 和 $NaClO_4$ 等富含钠的钠盐按照一定比例溶于有机碳酸酯类溶剂中制成；隔膜一般使用聚丙烯和聚乙烯微孔膜，将正极与负极隔开；导电剂主要使用的是高导电率的 Super-P、科琴黑等；粘结剂主要有聚偏氟乙烯（PVDF）、羧甲基纤维素钠（CMC）等。

钠离子电池工作原理与锂离子电池工作原理相似，其充放电过程的本质是钠离子在浓差与外电路作用下从正、负极中的嵌入和脱出的过程。以 $NaMnO_2$ 与硬碳组成的钠离子为例，充电时，在外电路电压的作用下 Na^+ 从 $NaMnO_2$ 中脱出经过电解液进入硬碳的类石墨微晶的乱层中，部分钠离子与碳反应形成嵌入化合物 NaC_x，保证正负极电荷平衡，电子 e^- 由正极通过外电路到达负极，从而实现电能向化学能的转换。此时，正极与负极形成一个有关钠离子的浓度差；放电时，Na^+ 在浓度差的作用下从负极材料中脱出经过电解液嵌入正极材料 $NaMnO_2$ 中，同时电子 e^- 通过外电路到达正极，从而实现储存化学能转换成电能。

虽然钠离子电池在工作原理上与锂离子电池相似，但由于钠离子半径（1.06 Å）比锂离子半径（0.76 Å）大，钠离子在电极材料中嵌入与脱出阻力大，反应动力学较慢，材料所承受的应力变化较大，锂离子电池的电极材料在应用于钠离子电池中时，易发生不可逆的破坏或塌陷，从而导致电池性能容易迅速衰减，它们并不适合钠离子电池。因此，开发比容量高，循环性稳定、倍率性能优异、安全可靠的电极材料成为实现钠离子电池大规模化推广应用的重中之重。

近二十年来，钠离子电池材料发展迅速，对正极材料体系的研究已取得了一定程度的进展。在钠离子电池负极材料体系研究中，人们发现合金材料虽有较高的比容量，但是它们在充放电过程中合金化反应往往伴随较大的体积膨胀，易导致容量迅速下降；金属氧化物、硫化物虽有高的能量密度，但在钠离子电池工作过程存在转化反应、首次库伦效率低及较大的电压滞后现象，导致电池循环稳定性差；而碳基材料不仅具有较低的反应平台、较高的比容量、良好的循环稳定性、资源丰富、制备简单等优点，而且在锂离子电池商业化中发挥至关重要的作用。因此，碳材料是最有希望推动钠离子电池产业化的关键负极材料。

（三）钠离子电池碳负极材料研究现状

目前，钠离子电池负极碳材料主要有石墨、石墨烯、软碳、硬碳。这四种碳材料在储钠方面的研究现状简单介绍如下。

1. 石墨

石墨是由同一个平面上的碳原子通过 sp^2 杂化与周边三个碳原子连接、呈蜂巢式的六边形延伸排列，在范德华力作用下平面进行分层堆积，形成比较规则层间距为 0.335 nm 的层状结构。正是这种稳定的层状结构，使得锂离子更容易嵌入石墨材料的层间。当锂离子嵌入石墨层间形成 LiC_6 时，对应容量高达 372 mA·h/g。这种稳定结构以极高的比容量的石墨成为锂离子电池负极材料最有商业化价值的材料之一。然而，研究发现，钠与石墨在常温下很难发生反应，在高温下仅能获得微量的 NaC_{64}，这使得人们开始怀疑石墨是否适用于钠离子电池。以石墨作为电极研究其储钠性能时发现，虽然钠离子可以嵌入石墨层形成 NaC_{70}，但其储钠容量仅为石墨储锂容量的 1/10。为了改变这种现状，尝试采用三氟甲磺硅酸钠电解液促使钠离在石墨层中扩散，虽然石墨在 37 mA/g 的电流密度下的取得相对较高储钠容量（100 mA·h/g），但其远不及石墨储锂容量，而且反应电压平台高，循环性能很差。研究者认为造成石墨储钠性能较差的原因在于石墨层间距过小，较大半径的钠离子比锂离子更难嵌入石墨层间，即使有少量的钠离子嵌入石墨，也会因为大半径钠离子嵌入削弱或破坏原来的层间范德华力，从而造成石墨片层不断剥离。因此传统石墨并不适合作为钠离子电池负极材料。

基于此种考虑，很多研究组都尝试通过特殊处理方法，制备具有较大层间距石墨，来实现钠离子逆嵌/脱。例如利用 Hummer 法制备出了层间距高达 0.37 nm 的氧化石墨，这种新式石墨材料在 20 mA/g 的电流密度下储钠容量（284 mA·h/g）远高于传统石墨储钠容量，且平均每次循环的损失率仅为 0.012%，具有较好的循环稳定性。超声氧化 – 还原法制备出层间距高达 0.43 nm 的膨胀石墨显示出优异的储钠性能（在 100 mA/g 的电流密度经过 2 000 次循环后，其容量仍为 172.3 mA·h/g，平均每周的损失率仅为 0.012%）。认为这种优异的储钠性能源于超声氧化石墨时，石墨分子自身振动，可削弱层间的作用力，更利于层间发生氧化反应，迫使石墨层间距变大；在 N_2 气氛中高温还原后，石墨层间仍保留一些官能团，这使得钠离子能更好地嵌入或吸附在石墨层间。虽然膨胀石墨材料的储钠性能取得了一定成就，但是仍不及石墨储锂性能，而且膨胀石墨制备方法复杂，耗能大，成本价格较高，不适合商业化生产。所以膨胀石墨并不适合应用钠离子电池大规模储电系统。

2. 石墨烯

石墨烯实际上就是单层的石墨。自从 2004 年，Geim 和 Novoselov 等成功地从石墨中剥离出石墨烯后，石墨烯因其超大的比表面积（2 600 m^2/g）、超高的电导率（$0.3 \times 10^6 S/m$）、高电子传输速率、稳定的化学结构等优异的性质成为科研界的宠儿。研究发现石墨烯超高的比表面积，不仅可提供更多的离子活性位点，而且为离子的快速扩散提供更短的路径。因此，石墨烯在锂离子电池与钠离子电池的负极材料中具有巨大的应用前景。但根据研究调查发现石墨烯的超大的比表面虽增加了缺陷以及活性位点。但是石墨烯的这种缺陷往往会在其表面形成钠离子吸附层，导致电池的首次库伦效率较低。低的库伦效率易导致全钠离子电池中正极材料利用率低。所以研究者往往利用高缺陷的石墨烯与其他材料进行复合以提高储钠性能上，而单一成分的石墨烯难以成为钠离子电池碳负极材料的最佳选择。

3. 软碳

软碳是一种易石墨化的无定形碳，具有较高的石墨化度，内部含有较多的石墨微晶。常见的软碳主要有焦炭、中间相碳微球、碳纤维等。在研究中间相碳微球的电化学性能时发现，钠离子可嵌入间相碳微中形成嵌入化合物 NaC_{15}。通过热解焦石油制备的软碳，其储钠比容量达到 125 mA·h/g，但其循环性能较差。通过高温裂解沥青和酚醛树脂制备的软碳在 37 mA/g 的电流密度下，储钠比容量为 284 mA·h/g，首次的库伦效率为 88%，远高于石墨烯作为钠离子电池负极材料的库伦效率。采用纳米 $CaCO_3$ 为模板，沥青粉体形貌调控并通过高温热解制备的介孔软碳材料，该软碳材料的储钠电位平台约为 0.57 V，在 30 mA/g 的电流密度下的可逆容量为 331 mA·h/g，首次库伦效率仅为 52%。虽然软碳材料具有一定的储钠性能，但低库伦效率极大限制了钠离子全电池体系能量密度的提高，且其较高的充电电位（高于 0.5 V）易造成不安全因素，因此软碳不适合作为理想的钠离子电池负极材料。

4. 硬碳

硬碳与软碳是相对的，是一种难以石墨化的碳，其石墨化度很低。通过 X 射线粉末衍射仪（XRD）得到典型的硬碳材料分析结果，在 2θ 角度（θ 为衍射角）为 24° 和 44° 附近明显有两个较宽的衍射峰，分别对应于（002）和（101）晶面。典型硬碳材料的拉曼分析结果显示，在 1 350 cm^{-1} 与 1 580 cm^{-1} 有两个特征峰，分别代表硬碳的缺陷、无序结构的 D 峰和有序石墨化程度的 G 峰，一般通过计算 D 峰和 G 峰的积分面积比值（I_D/I_C）来衡量硬碳结构的无序度。硬碳的较大层间距可促进钠离子的嵌入材料内部；类石墨微晶堆积形成的微孔结构，可以提供更多储钠位点，所以硬碳是一种很有前途的储钠材料。在研究葡萄糖制备的硬碳的储钠性能时发现，硬碳材料储钠容量高达 300 mA·h/g 远超于传统石墨和软碳材料，但材料的循环性能较差。

后来，研究者通过合成不同形貌结构的硬碳材料，来提高其储钠容量，改善其循环稳定性和倍率性能，并取得了优异的成果。通过热解苯二酚和甲醛缩合产物来制备硬碳微球，可逆储钠容量高达 285 mA·h/g。合成了空心纳米碳球，在 0.05 A/g 电流密度下，空心纳米碳球首次充放电容量分别为 537 mA·h/g 和 223 mA·h/g，在经过 100 次循环后。储钠容量仍保持在 160 mA·h/g；同时也表现出较好的倍率性能（在 5 A/g 和 10 A/g 的可逆储钠容量为 75 mA·h/g 和 50 mA·h/g）。通过裂解聚苯胺制备的空心碳纳米线，其作为钠离子电池碳负极材料同样表现出优异的性能：在 0.05 A/g 电流密度下，初始可逆容量为 251 mA·h/g，经过 400 次循环后，容量保持率高达 82.2%；在较大电流密度 0.5 A/g，可逆容量为 149.9 mA·h/g。与其他碳材料，这两种中空碳材料的优异的储钠性能得益于两点：

（1）具有高表面积的空心结构可以提供更多的活性位点和增大电极材料与电解液接触面积，大大缩短扩散路径；

（2）这两种材料的层间距（0.40 nm 和 0.37 nm）比石墨（0.335 nm）要大，因此钠离子可以在材料中插入和转移。

设计合成三明治式多孔碳/石墨烯/多孔碳，在石墨烯的两边均匀分布着层间距为 0.42 nm 的多孔碳。这种结构中，石墨烯可以保证的电子快速运输，层级结构能够促进的 Na^+ 扩散，大的层间距可以促进 Na^+ 插入。在这些优势的协同效应下，该材料呈现出杰出的电化学性能。在 0.05 A/g 电流密度下，可逆容量达到 400 mA·h/g；在大电流密度 1 A/g，循环 1 000 个周期后，可逆容量高达 250 mA·h/g。制备的三维多孔硬碳也具有高容量和稳定循环寿命：在 0.1 A/g 电流密度下，可逆容量达到了 356 mA·h/g；当电流密度增加到 10 A/g 和 20 A/g，仍然显示出相对较高的储钠容量（104 mA·h/g 和 90 mA·h/g）；值得注意的是，在 5 A/g 电流密度下，经过 10 000 次循环时容量几乎没有损失。这种优异的钠储存性能归因于三维多孔结构提供更多的储钠活性位点，也可以促进电解质渗透和 Na^+ 运输，0.42 nm 的层间距能够加速 Na^+ 的扩散。此外，多孔框架也可以调节嵌钠过程中碳体积膨胀，能够促进赝电容效应。

此外，研究发现杂原子掺杂也能改善硬碳储钠性能。目前研究较多的掺杂元素主要有 B、N、S、P 等多电子元素，它们的引入可以改变材料的微观结构和电子云排布，从而提高材料的导电率、增加表面的活性位点、改善材料的表面润湿性和优化材料的孔结构，最终有效地增加硬碳的比容量和改善硬碳的循环、倍率性能。目前，N 掺杂碳是研究最多的掺杂方式，N 的引入可以增加碳材料缺陷，以促进反应活性和电子导电率。在 2013 年首次报道了氮掺杂纳米碳纤维。氮掺杂纳米碳纤维在 0.2 A/g 电流密度下，经过 200 次循环后储钠容量为 134.2 mA·h/g；在 20 A/g 大电流密度下，可逆的容量达到 73 mA·h/g。此后，出现一系列的氮掺杂碳材料，例如氮掺杂多孔碳、氮掺杂石墨烯、氮掺杂纳米碳纤维、氮掺杂多孔碳球。与氮掺杂不同，硫原子本身就具有电化学活性，在硬碳材料中可以作为一个新的储钠场所，增加储钠容量。此外，将大尺寸的硫原子引入碳结构，可增大碳层间距离。硫原子的引入不仅增加了储钠数量，同时加快了钠离子嵌入/脱出硬碳的速度，进一步增强了钠离子传输动力学。因此，硫掺杂被认为是提高碳的储钠容量的有效途径。利用聚乙撑二氧噻吩和硫代甲酸糠酯为原料制备的硫含量为15.6wt%层间距为0.386 nm的硬碳。在0.1 A/g的电流密度下，可逆储钠容量482 mA·h/g，在0.5 A/g电流密度下，经过700次循环后的容量保持率高达为94%，表现出优异的储钠性能。通过热解1，4，5，8-萘四甲酸酐和硫粉获得硫掺杂硬碳材料，在电流密度0.02 A/g时，其储钠容量高达516 mA·h/g，在1 A/g电流密度下，经过1 000次循环后，储钠容量为271 mA·h/g，其保持率为85.9%。

在绿色环保的理念引导下，自然界中来源广泛、价格低廉、含碳量高的生物质成为制备硬碳材料的最佳选材之一。生物质制备碳材料主要包括洗涤、干燥和在惰性气氛中高温碳化三个步骤。利用泥煤苔制备低石墨化多孔三维碳材料，该材料的层间距为0.388 nm，在电流密度为0.05 A/g时，首次嵌钠和脱钠容量分别是532 mA·h/g^{1}和306 mA·h/g，经过10次循环后，可逆的容量达到298 mA·h/g。即使在电流密度1 A/g，经过200次循环后，可逆的容量保持在255 mA·h/g。还通过热解香蕉皮获得了硬碳材料，在电流密度为0.1 mA/g时，该材料储钠容量高达366 mA·h/g，即使在0.5 A/g的电流密度下，可逆容量仍为221 mA·h/g，且经600周循环后，容量仅损失了7%，表现出优异的循环稳定性。以棉花为前驱体制备硬碳材料并研究了碳化温度硬碳材料的储钠性能，研究发现储钠性能与碳化温度有很大关系。在1 000℃获得碳材料，没有明显的充放电平台，且可逆储钠容量（88 mA·h/g）和首次库仑效率（26%）都相当低，这可能是低温碳化的碳材料储钠活性位点少。我们可以看出，与1 000℃制备的碳材料（HCT1000）相比，在1 300℃和1 600℃制备的碳材料（HCT1300和HCT1600）在电流密度为0.03 A/g，可逆容量均在300 mA·h/g以上，首次库仑效率均在80%以上。总的来说，HCT1300展示了最好的钠储容量，具有最高可逆比容量315 mA·h/g和最高的初始库仑效率83%，并具有良好的循环稳定性。此外，还研究了在1 000℃、1 300℃和1 600℃的碳化玉米中所获得的硬碳（HCC1000、HCC1300、HCC1600）的钠存储性能。与高温碳化棉花获得硬碳相识相似，HCC1300显示了最佳的钠存储性能，它提供了高可逆容量的298 mA·h/g和良好的循环稳定性，在100次循环后，容量保持在97%。利用苹果废渣与含氮硫的化合物热解，制备的氮硫共掺杂的硬碳储钠负极材料，在0.02 A/g和1 A/g获得的可逆容量分别为245 mA·h/g和112 mA·h/g，且表现出优异的长期循环稳定性能。以H_3PO_4为活化剂，柚子皮为碳源制备了含大量P、O官能团的硬碳材料。该材料在30 mA/g的电流密度下，放电比容量高达

430 mA·h/g，在循环 200 次后放电比容量为 181 mA·h/g，而未掺杂比容量仅为 110 mA·h/g，表明 P 掺杂能够大大改善硬碳的储钠性能。采用椰子油作为生物质碳源制备的碳微球，在电流密度 0.1 A/g 时，所获得的碳微球在第二次循环中显示出了 277 mA·h/g 的储钠容量，经过 20 次循环后，储钠容量为 217 mA·h/g。以燕麦片生物质碳源制备高含氮的碳微球在 0.05 A/g，50 次循环容量高达 336 mA·h/g，在大电流密度下 10 A/g，比容量为 104 mA·h/g，经过 12 500 次循环后，容量没有明显的衰减。利用具有层状的结构的橡树叶成功制备出三维多孔硬碳材料。该材料在 10 mA/g 的电流密度下，可逆比容量达到 360 mA·h/g，首次库伦效率为 74.8%，远高于其他硬碳材料。此外，这种材料在制作电极片时不需要黏结剂、集流体，大大降低了实验成本。通过水热 – 高温碳化两步法，从冬青叶中制备了层状的硬碳，这种层状碳具有很高的容量（318 mA·h/g）和优异的循环性能。除了上面的生物质作为制备硬碳的前驱体，沥青、油菜壳、花生壳、苜蓿叶、树木、草等植物制备出硬碳材料也表现出了优异的储钠性能。

（四）硬碳储钠机理

目前，碳材料的储锂机制的研究已相当成熟，已有了大家比较认可的理论基础，由于较大钠离子很难进入石墨层间结构，造成了硬碳的钠储存行为与储锂行为的不同。目前，人们对硬碳材料的钠存储机理看法不一。有人认为，钠存储机制与锂存储相似，即斜坡区域的容量主要源于碳层之间钠离子的嵌入 / 脱出。而电压平台区域的储钠能力则来自微孔中 Na$^+$ 的吸附或沉积。另一种情况恰与前者相反，认为斜坡区容量主要源于碳材料表面的缺陷部位、活性部位以及功能基团对钠离子的吸附。而电压平台区域的储钠能力来自碳层之间钠离子的嵌入 / 脱出。针对这两观点分别做出了详细介绍。

1. 嵌入 – 吸附机理

嵌入 – 吸附机理，该机理是在研究热解葡萄糖制备硬碳时提出的。研究人员发现硬碳的储锂与储钠的充放电曲线在同一的电压区域都存在一个斜线区域和一个平台区域，两种曲线十分相似，因此认为锂离子和钠离子在硬碳材料中行为相似，并提出"卡屋"的结构模型来解释这一现象。认为硬碳内部存在大量无定形的碳层随机杂乱堆叠，而这些碳层中，一部分是平行排列形成一个类石墨微晶区域，另一部分则是杂乱无序排列形成一个微孔区域。在充放电过程中，在高电压时，钠离子在类石墨区域发生了嵌入层间行为，导致充放电曲线为斜线型。在低电压时，由于该电压区接近钠金属的沉积电位，所以认为钠离子在微孔区的出现填充和沉积行为，导致充放电曲线为斜线型。随后，采用了原位 X 射线散射证明了该观点。

2. 吸附 – 嵌入机理

在 2012 年，在研究不同温度下热解聚苯胺获得的碳纳米线储钠行为时发现，低温热解获得硬碳存在大量微孔，却没有发现在低电位的平台和储钠容量，而且随着热解温度的上升，硬碳材料的微孔体积逐渐减少，但平台区储钠容量却逐渐增大，这与嵌入－吸附机理明显不符。同时还发现碳纳米线在低电压区域储钠与石墨储锂行为非常相似，高压区碳纳米线储钠行为与碳纳米线储锂行为相似。根据硬碳和石墨的锂行为，推断出高电势区域的电化学反应归因于石墨微域表面的电荷转移。同时认为碳层之间的范德华吸引力和离子与碳之间的排斥的相互作促使 Li^+ 和 Na^+ 在中空碳纳米线中发生嵌入/脱出行为。因此，提出低电位平台区域容量对应与钠离子在碳层之间的嵌入/脱出，而高电位斜坡区容量对应钠离子在硬碳表面的吸附行为，即"吸附－嵌入"。

在研究不同温度热解泥煤苔制备的硬碳材料中，进一步证实了这一机制。研究表明，随着碳化温度的增加，硬碳层间距减小了，石墨化的程度变大，石墨层更加整齐。同时微孔的数量逐渐减少，中孔和宏观孔的数量有所增加。从该碳材料的放电分析可以看出，温度越高，低电位平台储钠能力越强，而存在大量的微孔活性炭在低电压区没有平台，这表明低电位平台储钠应该归因于 Na^+ 插入碳层，而不是微孔区域。此外，利用 X 射线粉末衍射（XRD）技术对不同放电电压热解碳和活性炭结构进行测试分析，发现热解碳的（002）晶面的特征峰随电压降低，衍射角逐渐向左移动，即硬碳层间距的增大方向；而活性炭的（002）峰位置没有明显变化。这种变化是由于大半径的钠离嵌入类石墨层间，迫使层间增大，随着电压降低，嵌入的钠离子的量越多，层间距就会越大。由此可以证明，低电位平台储钠主要源于钠离子在类石墨层间的嵌入/脱出行为，而非在微孔中的吸附行为。

（五）依据、主要内容及创新点

1. 依据

能源、信息、材料是现代社会高速发展的三大支柱，三者相辅相成，缺一不可。近几十年来，随着全球能源危机和环境问题逐渐突出恶化，开发可持续的新型清洁能源成为当今科学发展的重要议题之一。当下，锂离子电池虽占据了化学储能的绝大部分市场，但其有限的资源和昂贵的价格注定了它将被新型"非锂"电池所代替。钠离子电池的出现恰好弥补了锂离子电池这一缺陷。硬碳材料因可逆比容量其相对较高的、电压平台低、充放电过程中应变小、原料低廉和可再生等特点而成为钠离子电池负电极材料的最佳选择之一。来源广泛、成本低廉、环保、无污染、适合大规模商业化生产的生物质材料成为制备硬碳材料的理想前驱体。

2. 主要内容

以生物质提取物海藻酸钠、小蓟草为生物质碳源，制备一系列的硬碳材料，并在此基础上进行氮、硫以及氮硫共掺杂改性，以改善硬碳材料的储钠性能。研究内容包括以下三个方面：

（1）以生物提取物海藻酸钠为碳源，通过一步简单的碳化处理，制备出三维多孔结构的海藻酸钠衍生碳材料。研究碳化温度对硬碳的结构及储钠电性能的影响规律，探究硬碳储钠机理；

（2）以小蓟草为生物质碳源，采用直接高温碳化和水热－高温碳化制备一系列的生物质碳，并研究不同碳化方法以及碳化温度对硬碳材料的形貌和性能的影响规律；

（3）分别采用三聚氰胺、硫粉和三聚氰胺与硫粉混合物对小蓟草水热碳化产物进行掺杂，制备了氮、硫以及氮硫共掺杂的硬碳材料，并研究了不同掺杂方式对硬碳材料的形貌和储钠性能的影响。

3. 创新点

（1）以生物质提取物海藻酸钠为碳源，利用其疏松的结构与自身的所含活化剂，通过一步简单的碳化处理，制备出三维多孔结构的海藻酸钠衍生碳材料。与其他制备三维多孔碳材料相比，避免使用活化剂，操作过程简单，降低了实验能耗，更加绿色环保；

（2）以小蓟草为生物质碳源，通过水热－碳化制备出纳米球与纳米片混合硬碳材料，其呈现了良好的储钠能力，在 0.05 A/g 的电流密度下，首次放电容量为 446 mA·h/g，经过 100 次循环后放电比容量为 216 mA·h/g；

（3）用简单的方式制备氮、硫以及氮硫共掺杂的硬碳材料。氮硫共掺杂从提高离子导电率和储钠容量方面显著的提升的硬碳材料的储钠能力。氮硫共掺杂的硬碳在 0.1 A/g 的电流密度下，其可逆容量达到 514 mA·h/g，循环 50 次之后，容量仍然保持在 446 mA·h/g。在 5 A/g 的大电流充放电的条件下，可逆比容量仍然有 120 mA·h/g。这种共掺杂对其他碳材的改性具有重要的参考意义。

二、硬碳材料的表征方法浅析

对整个实验中所用原料、仪器、制备方法以及材料的表征方法进行简单介绍。

（一）实验用品及仪器设备

1. 实验用品

所使用的实验药品及试剂，如表所示。

表 4-1 主实验中使用的实验药品及试剂

药品及试剂名称	化学式/成分	纯度等级	生产厂商
小蓟草	——		西安郊区
海藻酸钠	$(C_6H_7O_6Na)_n$	化学纯	国药集团化学试剂有限公司
浓盐酸	HCl	分析纯	天津博迪化学股份有限公司

药品及试剂名称	化学式/成分	纯度等级	生产厂商
无水乙醇	C_2H_5OH	分析纯	国药集团化学试剂有限公司
聚偏氟乙烯	$(CF_2CH_2)_n$	分析纯	国药集团化学试剂有限公司
N-甲基吡咯烷酮	C_5H_9NO	分析纯	国药集团化学试剂有限公司
三聚氰胺	$C_3H_6N_6$	分析纯	国药集团化学试剂有限公司
硫粉	S	分析纯	国药集团化学试剂有限公司
蒸馏水	H_2O	分析纯	国药集团化学试剂有限公司
铜箔	Cu	电池级	北京兴亚神源科贸有限公司
乙炔黑	C	电池级	北京兴亚神源科贸有限公司
钠	Na	电池级	北京有色金属研究院
隔膜	玻璃纤维（GF/F）	电池级	英国沃特曼仪器有限公司
电解液	$NaClO_4$-EC-DMC	电池级	苏州佛赛有限公司研究所

2. 实验仪器及设备

所需的仪器与设备如表所示。

表 4-2 主要的实验仪器设备列表

仪器名称	仪器型号	设备生产商
分析天平	TE124S	赛多利斯科学仪器公司
均相反应仪	KLJX-12	烟台科立化工设备有限公司
真空管式炉	GSL1100X	合肥科晶材料技术有限公司
电热真空干燥箱	ZKF-030	上海实验仪器有限公司
冷冻干燥机	LGJ-10	北京松源华兴科技发展有限公司
手套箱	LABSTAR	德国布劳恩有限公司
电化学工作站	CHI-660E	上海辰华仪器有限公司
电池性能测试系统	LANDS CT2001A	武汉蓝电电子有限公司

（二）实验工艺

分别以海藻酸钠、小蓟草为碳源制备生物质碳。分别研究了海藻酸钠的碳化温度对产物的结构以及储钠性能的影响；小蓟草生物碳的碳化条件以及其不同掺杂方式对产物的结构以及其电化学性能的影响。涉及的具体的材料制备工艺流程，将在后面进行详细描述。

（三）材料表征方法

1. 热重分析

热重分析是一种通过控制升温或降温速度，测量样品的质量变化，从而得出质量与温度的变化关系。通过分析热重曲线，可以了解被测样品发生变化的温度点，并且根据损失量，可以进一步推测分析样品在该温度失重的原因，从而获得有关样品热物性方面的信息。

笔者借助 TG 技术对海藻酸钠与小蓟草前驱体在惰性气体中进行测定，通过样品两者分解温度及失重情况，以获得的分解以及碳化温度，进而确定碳化工艺。

2.X 射线衍射分析

X 射线衍射分析是一种通过观察分析样品的 X 射线衍射图样来确定固体样品的物相和晶体结构的方法。该仪器原理是利用已知波长的 X 射线照射以一定入射范围到晶体表面时，X 射线因遇到晶体内规则排列的原子而发生相干散射后发生光的干涉，当某些方位上满足衍射条件布拉格公式时，该方向的衍射加强，获得衍射峰。从而通过探测器可获得不同角度的衍射图谱。通过专业软件 Jade5 分析所获得样品的衍射图谱，便可以获得材料的结晶度、颗粒尺寸、晶格常数，晶面间距等信息。

布拉格公式：

$$2d\sin\theta = n\lambda\,(n = 1,2,3\cdots)$$

上式中：λ 是 X 射线的波长，θ 是衍射角，d 是晶面间距，n 是反射级数。

文中采用理学公司的 D/max–2200PC 型衍射仪对不同样品进行测试仪器，测试参数：铜靶为衍射靶材，Kα 射线波长 λ =1.54056Å，管电压 40 kV，管电流 40 mA，扫描速度 2°/min，扫描范围 10 ~ 70°。

3. 扫描电子显微镜分析

扫描电子显微镜（Scanning Electron Microscope，SEM）分析技术是将探测器收集高能入射电子轰击样品表面激发产生的二次电子转换成电讯号，经后续放大、调制，最终获得样品表面形貌相。文中均采用日立公司生产的场发射扫描电镜 S–4800 对所制备生物质碳材料的形貌和组织进行表征。

4. 透射电镜

透射电镜（Transmission Electron Microscopy，TEM）是通过对电子枪发射出的电子束投射到薄片样品上，电子与试样中的原子相互作用，从而获得有关颗粒尺寸，微观结构等信息。TEM 的分辨率可以达到 0.1 ~ 0.2 nm，可以观察试样的细微结构及原子排列等。研究采用 FEI 公司的 Tecnai G2 F20S 透射电镜对样品进行晶体形态及结构的分析。

5. 拉曼光谱

拉曼光谱（Raman Spectroscop，Raman）是利用样品分子受光照射后所产生的散射效应，通过分析仪器散射光与入射光能级差和化合物振动频率、转动频率的关系而得到的图谱。实验采用为 Renishaw 公司的 Renishaw In Via 型拉曼光谱仪对硬碳材料进一步表征。

6.X 射线光电子能谱分析

X 射线光电子能谱（X–Ray Photoelectron Spectroscopy，XPS）是一种要用于材料的表面

元素或其价态的定性和半定量的分析技术，测试深度在 10 nm 左右。文中所使用英国 AXIS SUPRA 型 X 射线光电子能谱仪，采用单色化 Al 靶 K α 射线源，以 C 1s（284.6 eV）为参考线，能量分辨率为 0.1 eV，对杂原子掺杂碳材料进行了测试分析。

（四）电极片的制备与电池的组装

文中涉及的所有钠离子电池均采用 CR–2032 型号的工业电池壳，以直径为 15.8 cm 的钠片作为负极，以负载目标产物的铜箔作为负极。

1. 负极电极片的制备

负极电极片的制备主要有以下 3 个步骤。电极浆液的制备：以制备的生物质碳为活性物质，聚偏氟乙烯（PVDF）作为黏结剂，乙炔黑为导电剂按照质量比 8∶1∶1，分别称取置于玛瑙研钵中充分研磨，混合均匀后逐滴加入溶剂（N– 甲基吡咯烷酮，NMP）并不断研磨至形成均匀的半流动状态的浆液。电极片的涂覆：采用自动涂膜烘干机，通过刮刀将电极浆液均匀的涂覆到表面较为粗糙一面的铜箔上，制备得到厚度为 15 μm 的平整光滑的膜，待电极片初步烘干后转移至真空干燥箱在 120 ℃条件下继续烘干 8 h，即得到电极片。电极片的裁剪与称量：利用手动冲孔冲环机将烘干后的电极片冲压至直径为 16 mm 的小圆片。各小电极片上活性粉的质量采用公式 $m=(M-m_o) \times 80\%$ 进行计算。其中，m 为活性物质的质量，M 为圆形电极片的质量，m_o 为对应圆形空白铜箔的质量（圆形铜箔的质量 m_o 取同一电极片上空白的 30 个圆片质量的平均值），80% 为活性物质占粉体总质量的百分比。

2. 电池的组装

文中涉及的钠离子电池均在充满氩气的手套箱中组装完成，其中明确要求：水分和氧气含量均严格控制在 0.5 ppm 以下；采用的电解液为常见的 1 mol/L NaClO₄ 电解液 NaClO₄/EC+EMC+DMC（1∶1∶1）。具体的电池组装顺序：正极壳（开口向上）→电极片（粉体向上）→电解液→隔膜→电解液→钠片→垫片→弹簧片→负极壳（开口向下），其中电解液润湿电极表面即可。将电池按上述顺序组装完成后利用手动液压可拆卸封装机进行封装，擦去电池表面多余的电解液，放置 24 h 后即可进行电化学性能的测试。

（五）电极材料电化学分析测试

1. 循环伏安测试

循环伏安（Cyclic Voltammetry，CV）测试是在给定的电压范围内以恒定的电压扫描速率对电池施加电压来观察电流的变化的一种电化学分析方法。循环伏安测试所得的电流 – 电压曲线可为电池内发生氧化还原反应提供电压、电量、可逆性和持续性等信息，通过这些信息可实现电池内的反应机理的预测和分析。文中涉及的 CV 曲线测试均采用的是上海辰华厂生产的 CHI–660E 型号的电化学工作站。钠离子电池的测试范围 0.01 ~ 3.0 V，扫描速度均为 0.1 mV/s。

2. 恒流充放电测试

恒流充放电测试，是实验室用于检测电极材料性能最常用的，也是最重要的电化学测试手段。通过对钠离子电池进行多次充放电，可获得材料的循环性能，库伦效率和充放电的电压平台等性能。本实验采用由计算机控制的蓝电 LANDS CT2001A 电池性能测试系统，对钠离子电池在 0.01 ~ 3.0 V 之间不同的电流密度进行恒流充放电循环测试。

3. 电化学阻抗测试

电化学阻抗谱（Electrochemical Impedance Spectroscopy，EIS）常用于分析电极过程动力学、双电层和扩散等方面，是一种常用的电化学分析方法。文中涉及的 EIS 曲线测试均采用的是上海辰华厂生产的 CHI–660E 型号的电化学工作站。测试的范围（0.01 ~ 1.0）× 10^5 Hz。

第二节 基于不同碳源的硬碳材料制备和储钠性能对比研究

一、海藻酸钠热解制备硬碳材料及其储钠性能研究

（一）研究背景

硬碳材料凭借具有相对较高的可逆比容量、来源丰富、价格低廉等优势，被认为是当前钠离子电池负极材料热门之一。硬碳材料的制备多是通过热解不同碳前驱体，例如化工合成的有机聚合物、多糖、生物等。生物质因来源广泛、成本低廉、绿色、可再生、环境友好以及可继承独特的天然结构等优势成为制备硬碳材料的理想选材。多孔碳材料在锂离子电池、锂硫以及超级电容器中的突出表现，引起越来越多的研究者的关注。多孔碳材料存在的较大的层间距、石墨微晶无序堆积形成的空隙以及自身的介孔、微孔结构，可为钠离子的储存提供较多的位点以及较短的扩散路径，所以多孔碳材料被认为是在钠离子电池负极材料很有应用潜力的一种。

海藻酸钠，是由褐藻、海带中提取的天然碳水化合物。可广泛应用于食品、医药、纺织、印染、造纸、日用化工等产品，具有原料来源广泛、成本较低、绿色无污染等特性。海藻酸钠分子中含有很多羟基、羧基基团。我们发现海藻酸钠溶于水后，这些官能团利用离子键和氢键可形成类似笼形分子的网状结构，通过冷冻干燥后，结构得以保留。同时在高温热解时，分子中的钠源可作为活化剂，对碳材料进行刻蚀造孔，是制备多孔碳的理想碳源。在此，选用水溶性海藻酸钠为碳源，热解获得多孔硬碳材料，系统地研究了热解温度对该硬碳材料结构、形貌、

储钠性能的影响规律，并探究了该材料的储钠机理。

（二）材料的制备

1. 制备过程

热解海藻酸钠制备硬碳材料的过程十分简单。首先，5 g 海藻酸钠溶于 60 ℃的 200 mL 蒸馏水中，会形成淡黄色黏稠溶液。然后对溶液进行冷冻干燥，得到海绵状海藻酸钠。接着称取一定量的海绵状海藻酸钠置于坩埚内，并将坩埚置于 Ar 气氛保护管式炉中，在不同热解温度下保温 2 h，升温速率为 5 ℃/min。将热解获得的样品材料在 50 ml 的盐酸（2 mol/L）中磁力搅拌 2 h 后，用去离子水反复地清洗，直至 pH 为中性。然后将其放入 80 ℃烘箱中烘干，便可获得硬碳材料。其中，具体热解温度的选择可以根据热重曲线初步地确定。

2. 热解温度的确定

由冷冻干燥后的海藻酸钠在惰性气氛中的热重曲线可知，海藻酸钠的热解可以为三个阶段。第 I 阶段是从室温到 165 ℃，该阶段是海藻酸钠表面吸附水以及内部自由水的蒸发与析出，质量损失约为 13%；第 II 阶段是从 165 ℃到 500 ℃，该阶段可能是海藻酸钠分子内羧基脱 CO_2、相邻羟基脱水分和分子间的醚键以及原有的糖苷键断裂的过程，该过程的质量损失约为 46%；第 III 阶段是海藻酸钠分子内羧基进一步脱 CO_2 和分子内钠元素对碳骨架刻蚀产生 CO_2 的过程，该过程的质量损失约为 13%。海藻酸钠的失重多集中在前两个阶段中（失重为 60%）。第三个阶段失重变得比较平缓，这说明海藻酸钠的分解主要发生在 500 ℃之前。根据热重分析结果，我们分别选取了 600 ℃、800 ℃、1 000 ℃和 1 200 ℃作为不同的热解温度，以找到最佳的热解温度。在不同热解温度下获得的四个样品分别标记为 SA-600、SA-800、SA-1000、SA-1200。

（三）结果与讨论

1. 材料结构表征

不同热解温度下所得硬碳 XRD 结果显示，四个样品在 $2\theta=25°$ 附近均出现对应石墨结构的（002）晶面的衍射峰，这表明了所得样品均属于典型的无定形碳。随着热解温度的提高，衍射峰的峰形由较大的"馒头"包逐步变小，锐化程度增大，而且（002）晶面对应 2θ 角度逐渐向大角度轻微的偏移，说明材料内部的类石墨微晶随着热解温度的升高逐渐长大，无序程度逐渐降低，石墨程度增大。根据 Bragg 公式计算得到 SA-600、SA-800、SA-1000、SA-1200 的（002）晶面间距分别 0.408 nm、0.396 nm、0.393 nm 和 0.388 nm，晶面间距均大于石墨的层间距（0.335 nm），较大的晶面间距结构更利于钠离子在充放过程中嵌入。由此可推测制备的碳材料作为钠离子电池负极材料时，储钠性能比石墨材料的储钠性能好。海藻酸钠热解制备的硬碳材料的拉曼分析结果表明，随碳化温度的升高，样品材料在波数 1 355 cm⁻¹ 附近的 I_D 峰和在波数 1 580 cm⁻¹ 附近的 I_G 峰峰形逐渐尖锐，半峰宽逐渐减少，且 SA-1200 在 2 680 cm⁻¹ 出现石墨烯的 2D 特征峰，这与硬碳材料中微晶尺的增加与石墨化程度的增大有关。当热解温度从 600 ℃增加到 1 200 ℃，D 峰和 G 峰的强度比 R（I_D/I_G）值也从 1.073、1.027、0.981 降到 0.864，表明材料有序性变好，与 XRD 分析结果一致。

从不同热解温度所得硬碳扫描电子显微镜中可以看出，随着热解温度从 600 ℃升高到 1000 ℃，所获得的硬碳的三维多孔结构的孔径不断增加，空壁逐渐变薄，当温度达到 1200 ℃时，三维结构被破坏，形成较小的二维纳米片状。在 600 ℃、800 ℃时，材料热解多是分子内部的有氧基团的氧化释放 CO_2 和 H_2O 的过程，故形成大小不均的孔隙结构。热解温度达到 1000 ℃时，原料中的钠元素形成钠蒸汽，作为活化剂对碳骨架进行刻蚀，使得多孔碳壁变薄，形成有纳米片组成的三维结构。随着温度继续升高，钠对多孔壁的刻蚀作用增强，导致多孔骨架瓦解，形成破碎的纳米薄片。多孔结构增加了碳材料的比表面积，为储钠提供更多的活性位点，以提高碳材料作为钠离子电池负极材料的电化学性能。

通过不同热解温度下获得的硬碳材料的等温氮气吸附脱附结果可以看出，四种硬碳材料在相对较低的压力（0 ~ 0.2P/P_0）下，氮气吸附急剧上升，为典型 I 类等温线，说明材料内部有大量的微孔；在 0.2 ~ 0.7P/P_0 的相对压力下，SA-600、SA-800、SA-1000 的吸脱附等温线都出现滞后现象，这属于典型的 IV 类等温线，表示这三种硬碳材料中存在大量的介孔；而 SA-1200 中不存在这种现象；在相对较高的压力 0.9 ~ 1.0P/P_0 时，氮气吸附线变得向上尖锐，说明四种碳材料中存在宏观孔。经计算，四种硬碳材料的比表面积分别为 654 m²/g、698 m²/g、843 m²/g 和 1 047 m²/g，孔容分别为 0.82 cm³/g、0.74 cm³/g、0.62 cm³/g 和 0.48 cm³/g。显然是随着热解温度的升高，样品硬碳的比表面积逐渐增大，孔容逐渐减小。与前面的 SEM 中观察到相对一致，进一步说明了热解过程利于石墨片层的有序化，减少了孔隙和边界等缺陷，从而使得硬碳材料的孔隙率的降低。

2. 材料储钠性能表征

四种电极在 0 ~ 3 V 电压范围内，以 0.01 mV/s 的扫速测试所得的循环伏安（CV）结果显示，SA-600、SA-800、SA-1000 均在 0.36 ~ 0.45 V 出现小的还原平台，这与电解液的分解以及电极材料与电解液界面形成固体电解质界面膜（俗称固体电解质界面，Solid electrolyte interface，英文缩写为 SEI）有关。SA-1000 在接近 0V 时出现一个相对尖锐的小的氧化峰，它与锂离子嵌入无定形碳的 CV 相似，对应钠离子嵌入硬碳材料的类石墨微晶的层中。而其他三个样品在低电压区表现为比较缓的曲线，并没有明显的氧化峰，这说明该阶段 SA-600、SA-800、SA-

1200 的储钠行为非插层反应或者插层反应很微弱。值得注意的时，在高电压区 1.0 ~ 3 V，四个样品的 CV 曲线均接近于矩形，说明储钠过程中存在明显的赝电容现象，该部分的储钠容量源于样品的表面缺陷与氧官能团的吸附作用。

不同热解温度下获得的硬碳，在 20 mA/g 的电流密度下的充放电分析结果中，我们可以观察出，由海藻酸钠热解制备的硬碳材料的恒流充放电曲线走势，形状大致相似，都为斜线且没有明显的平台，它们在首次充放电中都有较高的比容量。SA-600、SA-800、SA-1000、SA-1200 的首次充放电容量对分别为 570 mA·h/g 和 174 mA·h/g、596 mA·h/g 和 196 mA·h/g、1 275 mA·h/g 和 431 mA·h/g、880 mA·h/g 和 291 mA·h/g。这种高的比容量源于硬碳材料大的比表面积，为储钠提供较多的活性位点，然而它们的首次充放电的库仑效率仅在 30% ~ 34% 之间。这由于较大的比表面积与电解液接触面积也比较大，在首次充放电过程中，会在材料表面形成较大的 SEI 膜以及电解液的分解引起的。低的初始库仑效率对于高表面积的碳材料来说是很常见的。在第 10 个周期，库仑效率迅速提高到 90% 以上，说明硬碳材料有良好的反应可逆性和结构稳定性。经过 10 次循环后，SA-600 的充电容量为只有 162 mA·h/g。这可能是它的 002 衍射峰比较弱，在 600 ℃ 温度下热解不完全所致。当热解温度上升到 800 ℃ 时，SA-800 的其可逆容量增加至 190 mA·h/g，这是由于随温度增加，其石墨化程度增加，且其微孔结构逐渐向介孔结构转变，介孔更利于电解液的渗透，缩短钠离子传输路径。热解温度上升至 1 000 ℃ 时，SA-1000 硬碳样品较其他样品的储钠容量最高（359 mA·h/g），这可以归因于它的三维多孔结构能够缩短钠离子传输路径，合适的层间距更利于钠离子的传输与转移。当热解温度上升到 1 200 ℃ 时，SA-1200 的可逆容量有明显的所下降（235 mA·h/g），可能由于较高的热解温度，含氧量减少，有氧基团对 Na$^+$ 的吸附量减少；或者骨架破碎钠离子传输路径变大；也可能是由于石墨化程度增大，层间距减小，使钠离子嵌入硬碳中更加困难。

为了对比制备出硬碳材料的储钠性能，我们对它们以及商业活性炭的倍率、循环性能做了测试。结果显示，在不同热解温度下获得的硬碳的倍率性能差异较大。在小电流密度 20 mA/g 和 50 mA/g 下，随着循环次数增加，容量逐步降低，该过程中发生较多的不可逆反应，属于电极材料的活化过程。当到达 100 mA/g 时，容量变化比价平稳，此时 SA-600、SA-800、SA-1000、SA-1200 的可逆容量分别为 107 mA·h/g、151 mA·h/g、205 mA·h/g 和 188 mA·h/g，在该电流密度下较其他报道的硬碳材料的比容量相当，但远高于商业活性炭（AC）的储钠容量（50 mA·h/g）。在 1 A/g 的大电流密度下，四个样品的比容量分别为 64 mA·h/g、106 mA·h/g、162 mA·h/g 和 113 mA·h/g。值得注意的是，当电流密度回到 20 mA/g 时，四个样品的放电比容量均恢复到 148 mA/g、196 mA/g、226 mA/g、和 154 mA/g，说明材料具有一定的可逆性，且 SA-1000 的倍率性能最好。四个样品以及商业活性炭在 50 mA/g 的循环性能展示出，四个样品的初始比容量分别是 892 mA/g、934 mA/g、965 mA/g 和 846 mA/g，然而经 20 次循环后就快速降至 127 mA·h/g、189 mA·h/g、217 mA·h/g 和 229 mA·h/g（仅占最高容量的 14%、20%、24% 和 27%），这是由于在充放电过程中发生不可逆反应造成的。在此后的 200 次循环，四个样品的比容量分别为 121 mA/g、148 mA/g、150 mA/g 和 154 mA/g，容量保持率在 68% ~ 72%。

四种硬碳材料未经循环的电化学交流阻抗结果，是由一个类似半圆的弧线和一条直线组成。高频区，交流阻抗曲线与横轴的交点为接触电阻，代表电极、电解液等固有电阻的总和；高中频区，圆弧代表电极材料表面和 SEI 膜表面及内部的电荷转移，半圆的直径为电荷转移电阻，直径越大，电荷转移电阻阻抗越大；低频区的斜线表示钠离子在硬碳中的扩散过程，斜线的斜率越大，扩散阻抗越小。分析结果显示，四种硬碳材料的接触电阻接近，在电池的组装过程中没有大的人为因素，保证了电池性能测试中条件相对统一。在所有硬碳材料中 SA-1000 的电荷转移电阻最小，可以验证 SA-1000 的储钠性能最好。

根据以上分析，可以得出结论，热解温度对制备的硬碳材料的结构与性能影响很大，在 1 000 ℃下所得 SA-1000 硬碳储钠性能最好。这可归它的因于较大的比表面积，高的孔隙率，大的层间距以及薄片相互连接形成的三维结构。硬碳的较大比表面积可以增加材料与电解液的接触面积，材料内部中的大、中孔可以使电解质液更容易渗入材料内部，缩短离子扩散路径，以提供快速的离子扩散通道。同时 SA-1000 大的类石墨层间距（0.393 nm）可以促进钠离子的嵌入。

3. 硬碳材料的储钠机理分析

为了探究海藻酸钠热解碳的储钠机理，我们进一步对 SA-1000 测试分析。

SA-1000 在 0 ~ 3 V 电压范围内，以 0.01 mV/s 的扫速循环 10 次测试所得的 CV 结果展示了，在 0 ~ 0.1 V 区间内有一对小的氧化还原峰，对应着 Na^+ 在类石墨层的嵌入/脱出过程。首次扫描曲线在 0.45 V 处出现一个还原峰在后续循环中消失。这可能由于首次充放电过程中电极表面生成 SEI 膜，也可能是钠离子被吸附在微孔不能完全脱出。在高电压区间（1.0 ~ 3.0 V），扫描曲线一个类似矩形，这是由于在该电压范围中，钠离子在电极表面的吸附/脱附行为较为突出，存在赝电容现象。从首次 CV 扫描曲线与后续 CV 扫描曲线有一个较大的积分面积差，说明在第一次循环中存在较为严重的不可逆反应，并且第 5 次循环与第 10 次循环曲线形状吻合的很好，说明 SA-1000 有优异的循环稳定性。钠离子在 SA-1000 硬碳材料中的嵌入/脱出反应主要发生在 0 ~ 0.1 V 内，在此电位区间内，其的恒流充放电曲线是一条倾斜率较低的斜线，看不到明显的电位平台，无法说明在低电位区间内，钠离子的发生插层行为，因此我们对不同电压下的电极材料进行进一步表征。

通过 SA-1000 电极在 20 mA/g 的电流密度下，不同电池充放电某一电压后获得的 XRD 结果可以看出，从未经过放电到经过放电电压至 0.75 V、和 0.5 V 时 SA-1000 的（002）晶面的特征峰都在 25.5°，衍射角位置未发生变化，而放电电压由 0.5 V 至 0.01 V 时，（002）晶面的衍射角向左偏移至 24.7°（晶面间距增大方向），且衍射峰的强度有所降低，这说明在低电压区间 0.3 ~ 0.01 V，有 Na^+ 嵌入类石墨层间，迫使层间距增大，无序度增加。当电压有 0.01 V 经过充电至 0.3 V 时，（002）晶面的衍射角又轻微地向右偏移，但未恢复至原来 25.5°。这说明在 0.01 ~ 0.3 V 的充电电压范围内，有部分 Na^+ 脱出类石墨层间，有部分滞留于层间。说明在低电压区间，存在钠离子的嵌入与脱出类石墨层间的行为。此外，在 42° ~ 52° 有两个比较尖锐的衍射峰是负极片上集流体铜箔的特征峰。

通过以上分析，海藻酸钠热解硬碳 SA-1000 在 0.5 V 以上的工作电压阶段，储钠容量源于钠离子硬碳材料表面缺陷与活性位点的吸附行为，而在 0.5 V 以下，储钠容量源于钠离子在硬碳材料中石墨微晶的层间嵌入与脱出行为，基本上可以推测出 SA-1000 的储钠机理属于吸附 – 嵌入机理。但由充放电曲线发现，海藻酸钠热解硬碳并没有明显的电压平台，且可以计算出，低电压区间的容量贡献约为 45%，这与典型的吸附 – 嵌入机理的硬碳存在差异，这种差异目前仍无法解释。

二、小蓟草前驱体制备硬碳材料及储钠性能研究

（一）研究背景

随着环境、资源与社会高速发展之间的矛盾日益突出，人们更加注重生活、生产中绿色、环保可再生资源的利用。将品类繁多，产量大、绿色可再生的生物质化为能源材料，不仅可以减少废弃的生物质对环境的污染，而且可以产生巨大的经济效益。因此，生物质成为开发能源材料的新宠儿。以玉米秆、松子壳、果渣、松针与稻草秸秆前驱体，制备了一系列结构不同的生物质碳材料，它们作为钠离子电负极材料时，表现出优异的储钠性能。

小蓟草是一种普遍群生于田野、山丘，适应性极强，在任何气候条件下均能生长的植物，仅有一少部分作为药材，绝大部分当作杂草处理。干燥后的小蓟草中含有大量的纤维素和半纤维素。因此小蓟草很适合做制备硬碳材料的前驱体。我们将小蓟草作为碳源，采用直接碳化和水热 – 碳化两种不同的方法制备硬碳材料。研究两种制备方法以及热解温度对生物质碳材料结构以及储钠性能的影响规律。

（二）实验

1. 材料的制备

首先，在野外采摘新鲜的小蓟草，将叶子洗干净后，晾干表面的水分，然后经过冷冻干燥和简单的人工粉碎后，装袋备用。将此时获得干燥的前驱体命名为 Raw。然后用两种不同的处理方法，具体如下：

（1）一步法（直接碳化）：取 2 g Raw 直接将其置于 Ar 气氛管式炉中在不同的热解温度下保温 2 h，升温速率为 5℃/min。将热解获得的硬碳材料在 50 mL 的盐酸（2 mol/L）中磁力搅拌 2 h 后用去离子水反复地清洗，直至 pH 为中性。然后将其放入 80℃烘箱中烘干为止。将一步直接热解小蓟草获得硬碳命名为 SC。其中，具体热解温度的选择可以根据热重曲线初步地确定。

（2）两步法（水热 – 碳化）：首先，取 1 g Raw，将在 50 mL 的盐酸中（2 mol/L）浸泡 1 h 后，转移到水热釜中进行水热反应（水热温度为 180℃，水热时间为 24 h），将水热反应产物用去离子水反复地清洗，直至 pH 为中性，烘干后，把其置于 Ar 气氛管式炉中在不同的热解温度下保温 2 h，升温速率为 5℃/min。接着将获得的硬碳材料在 50 mL 的盐酸（2 mol/L）中磁力搅拌 2 h 后用去离子水反复地清洗，直至 pH 为中性。将水热 – 碳化小蓟草获得硬碳命名为 HC。其中，具体热解温度的选择可以根据热重曲线初步地确定。

2. 热解温度的确定

我们利用热重分析仪分别对小蓟草原料及其水热产物进行热重测试，以确定碳化温度区间。分析结果显示，小蓟草原料在 150～600℃温度区间的质量损失剧烈，失重率大约为 50%，在 600～900℃时，小蓟草原料的失重变得比较平缓，到 900℃时，只失去约 10% 的质量。900℃几乎不发生失重现象。这说明小蓟草原料的分解主要发生在 600℃以前。根据该热重曲线的变化趋势，我们分别选取了 700℃、800℃、900℃和 1 000℃作为四个碳化温度对小蓟草原料进行处理，以找到最佳的碳化温度。其中四个样品分别标记为 SC-1、SC-2、SC-3 和 SC-4。而对于小蓟草经过水热处理后的产物来说，其失重主要发生在 450℃之前，总的失重率仅约为 30%。所以我们选择 500℃、600℃、700℃和 800℃作为四个碳化温度小蓟草水热产物进行处理，以找到最佳的碳化温度。其中四个样品分别标记为 HC-1、HC-2、HC-3 和 HC-4。

（三）结果与讨论

1. 材料结构表征

利用扫描电子显微镜分别对小蓟草叶和其水热处理之后的产物进行分析，可以看出，小蓟草为表面光滑的大片结构。经过水热处理后，片状变小，且表面变得不再光滑，出现凹凸不平的褶皱和微球，这是由于小蓟草中的部分纤维素、木质素等多糖在水热过程中发生水解，形成葡萄糖，葡萄糖在高温高压下开始脱水缩聚成低聚化合物，当低聚物的浓度达到其临界状态时便会形成晶核，随着反应的进行晶核的不断生长逐渐形成碳球，而表面的褶皱是由于表面多糖水解不彻底造成的。可见，水热反应处理对小蓟草原有形貌有很大的影响。

从 XRD 分析结果中可以观察到，两种不同的制备方法，在不同碳化温度下获得的硬碳材料，均在 24℃ 左右出现一个比较宽的衍射峰，这是无定形碳材料的典型（002）晶面的特征峰，这说明两种方法在不同碳化温度下，均得到无序硬碳材料。两种方法下获得硬碳的特征峰的强度，随着温度的升高，均越来越高。同时，在 1 000 ℃ 获得 SC-4 硬碳在 45° 附近出现了（100）。这说明温度的升高，可以增加硬碳材料的石墨化程度。根据 Bragg 公式，我们计算出了所有样品的（002）晶面的晶面间距 d（002）均大于石墨晶面间距（0.335 nm），两种方法制备的硬碳均适合作钠离子电池负极材料。除此之外，我们发现在 700 ℃ 和 800 ℃ 下获得样品 SC-1、SC-2 在 30° ~ 35° 之间出现较小的 Ca、Mg 碳酸类化合物的杂质峰，而在 900 ℃ 和 1 000 ℃ 制备的样品 SC-3 和 SC-4 中没有明显的杂质峰，这时由于随着温度的升高，这些杂质碳酸类化合物分解，在后续的盐酸浸泡中被除去。同时我们对 SC-2、SC-3、HC-2 和 HC-3 样品进行了元素能谱分析，从中可以看出，小蓟草制备的硬碳中均含有杂质元素 Mg、Si、Ca，因为这些元素它们是植物生长的必要元素。虽然 SC-3 中的杂质元素总量（6.5% 左右）明显小于 SC-2，仍高于经过水热处理后获得硬碳中的总杂质含量（1.2% 左右），这是在水热酸性条件下，部分杂质元素可以溶解到溶液中，以减少杂质含量。这说明水热处理能够更好地除去硬碳中的杂质，杂质含量的减少，可以提高硬碳材料的有效储钠能量密度，提升硬碳材料的电化学性能。

表 4-3 硬碳的物理参数

样品	SC-1	SC-2	SC-3	SC-4	HC-1	HC-2	HC-3	HC-4
$d_{(002)}$/nm	0.398	0.385	0.383	0.371	0.392	0.388	0.385	0.376
I_D/I_G	1.41	1.22	0.96	0.87	1.36	0.97	0.88	0.81
S BET/（m²/g）	/	654	721	/	/	375	319	/

表 4-4 硬碳中各元素组成含量

样品	C/wt%	O/wt%	Mg/wt%	Si/wt%	Ca/wt%
SC-2	72.93	13.47	3.46	1.37	8.77
SC-3	81.61	11.86	1.92	1.05	3.56
HC-2	82.95	15.86	0.40	0.45	0.34
HC-3	85.73	13.04	0.42	0.43	0.35

　　两种制备方法获得的硬碳的拉曼分析结果显示，其中 D 峰代表的是以 sp^3 杂化形式存在的碳，一般是由类石墨结构中的缺陷造成的；G 峰代表的是以 sp^2 杂化形式存在的碳，一般是石墨结构中的组成主架结构六元环上的碳原子。我们一般通过 D 峰和 G 峰的积分面积的比值（I_D/I_G）来衡量硬碳结构中的石墨化程度，I_D/I_G 值越小，说明硬碳中缺陷越少，石墨化程度越高。所有样品在 1 355 cm^{-1} 和 1 580 cm^{-1} 附近的均出现 I_D 峰和 I_G 峰，通过计算 I_D/I_G 值发现，随着碳化温度的升高，硬碳石墨化程增加，材料有序性变好，与 XRD 分析结果一致。

　　采用直接碳化法，在不同碳化温度下获得的硬碳材料，通过扫描电子显微镜，可以看出，四种硬碳材料在形貌上变化不大，均保持了小蓟草原有的片状结构，但是表面出现了不规则纳米的碳颗粒，这是由于小蓟草表面的角质层以及多糖碳化形成的。但随着碳化温度从 600 ℃升高到 1 000 ℃，四种样品的片状结构的面积逐渐减小，最后形成大小不一破碎的二维纳米片。

　　在不同碳化温度下，采用水热 - 碳化法，获得的硬碳材料，通过扫描电子显微镜中看出，HC-1、HC-2、HC-3 和 HC-4 四种硬碳材料形貌比较杂乱，都是由无规则的片和碳微球堆积形成的块状结构，随着碳化温度从 500 ℃升高到 800 ℃，颗粒尺寸逐渐减小，碳微球直径也从大小不一变得均匀。这种结构利于电电解液的浸润性，为钠离子的传输提供更多路径。通过对比发现，直接碳化法更利于保持小蓟草原有的形貌结构。

　　利用高分辨透射电镜展现了在 700 ℃、800 ℃、900 ℃和 1 000 ℃温度下，直接碳化获得样品的分析结果，可以观察到，这四种样品均属于长程无序的无定形碳。随着碳化温度的升高，石墨层的特征条纹越来越明显。这表明硬碳的石墨化程度增加。在 900 ℃温度碳化下获得样品 SC-3，类石墨的特征条纹呈带状随机分布区，当温度升至 1 000 ℃时，这种现象更加明显，这是因为在高温碳化时，SC-3 和 SC-4 的纳米片边缘和表面的碳原子容易发生移动，在该区域形成类石墨微晶区域。通过测量这些类石墨微晶的层间距分别为 0.399 nm、0.386 nm、0.382 nm 和 0.370 nm，这与根据 XRD 分析算出的层间距差异不超过 ±0.002 nm，属于正常的误差范围之内。这种较大的层间距更利于大半径钠离子嵌入和脱出，因此，这类硬碳均可以作为钠离子电池电极材料。

　　高分辨率透射电镜呈现了经过水热处理后，在 500 ℃、600 ℃、700 ℃和 800 ℃高温下，碳化获得硬碳的样品。很明显，这四种碳是典型非晶碳，即无定形碳。随着温度的升高，硬碳的有序度增加，出现明显的类石墨微晶区，与 SC 系列的样品不一样的是，这种微晶区并非集中在材料边缘，而呈现区域分布，这种微晶源于材料表面碳微球。同样我们对这四种硬碳的类石墨微晶区域的层间距进行测量，HC-1、HC-2、HC-3 和 HC-4 的层间距分别为 0.396 nm、0.389 nm、0.384 nm 和 0.376 nm，与 XRD 的分析结果一致。

通过不同样品硬碳的氮气等温吸附脱附分析结果，可以看出 HC-3、HC-2、SC-3 和 SC-2 样品的氮气等温吸附脱附曲线，均为典型的 I 型等温曲线。在较低相对压力（$0 \sim 0.2P/P_0$）时，吸附曲线走势迅速上升，表明材料中含有大量的微孔；当相对压力达到 $0.35P/P_0$ 时，材料的等温线走势趋于平缓。四种硬碳材料的孔径分布表明，样品的孔径都集中在 $0 \sim 2$ nm 的微孔区域，这进一步说明材料内部存在大量的微孔结构。同时，通过硬碳氮气等温吸附脱附曲线，我们可以看出水热 – 碳化获得样品 HC-3、HC-2 的比表面积，均比直接碳化得到的样品 SC-3、SC-2 的比表面积小，这与水热反应过程中破坏小蓟草结构有关。

2. 材料储钠性能表征

采用直接在 700 ℃、800 ℃、900 ℃ 和 1 000 ℃ 温度下，获得的硬碳在 $0 \sim 3$ V、0.05 A/g 的循环性能分析可以发现，在第一次循环中，所有样品的放电比容量都在 700 mA · h/g 以上，而充电比容量在 200 mA · h/g，它们的首次库伦效率仅在 29% 左右。在硬碳材料较低的库伦效率是正常存在的，结合本组样品，我们认为造成这种极低库伦效率的原因有三：一是由于四种样品的片状结构具有较大比表面积，与电解液接触面积大，形成的 SEI 膜的面积大，消耗的钠离子多；二是由于材料内部含有大量的微孔结构，这种微孔不允许电解液的进入，从而钠离子易发生不可逆的吸附；三是材料表面有氧基团发生不可逆的吸附，也造成钠离子的损耗。SC-1、SC-2、SC-3 和 SC-4 经过 10 次循环后，都基本上达到稳定状态，库伦效率接近 100%。此时，它们的可逆储钠比容量分别为 152 mA · h/g、166 mA · h/g、188 mA · h/g 和 120 mA · h/g，在随后的 80 次循环中容量的保持率分别为 84%，89%，98% 和 93%，表现比较稳定的循环性能。说明在该条件下制备的硬碳，具有比较优秀的结构稳定性。从整体看来，在 1 000 ℃ 获得样品 SC-4 的性能最差，这可能由于较高的碳化温度，使得材料石墨化程度增大，材料的类石墨排列性对有序，造成石墨乱层的减少以及层间距的减小，使得储钠位点减少，并钠离进入乱层间的阻力增大，从而造成 SC-4 储钠比容量较低；在 700 ℃ 下获得的样品 SC-1 的性能次之，这可能是由于碳化温度过低，硬碳中存在不完全分解的有机物引起的；在 900 ℃ 下获得的样品 SC-3 的电化学性能最好，在 50 mA/g 的电流密度下，经过 100 次循环可逆比容量为 186 mA · h/g，这是由于 SC-3 具有较大的层间距（0.383 nm），更利于钠离子的嵌入石墨层间，同时相对较高的石墨化度，会增加硬碳材料本身的导电率，更利于离子和电子的传输，这也是 SC-2 的类石墨层间距虽比 SC-3 的层间距大，其储钠性能不如 SC-3 的原因。因此合适的层间距和石墨化度，对硬碳的储钠性能有着重要的影响。

经过水热处理后，在 500 ℃、600 ℃、700 ℃ 和 800 ℃ 高温下，碳化获得硬碳材料在 0 ~ 3 V 工作电压、50 mA/g 的电流密度下的循环性能结果中可以看出，在第一次循环中，样品的放电比容量在 400 ~ 480 mA·h/g 之间以上，而充电比容量在 240 ~ 300 mA·h/g，它们的首次库伦效率多集中在 50% 左右，高于 SC 系列碳的首次库伦效率。这是因为直接碳化获得的 SC 系列碳的比表面积比较大，与电极材料与电解液接触面积较大，形成的 SEI 膜的面积也较大，消耗的钠离子较多，而导致的首次库伦效率较低。通过对比 HC 系列的硬碳的循环性能，我们可以看出在 800 ℃ 获得的样品 HC-4 性能最差，在 50 mA/g 的电流密度下，HC-4 的可逆比容量为 161 mA·h/g（取第 10 次循环的比容量），经过之后的 80 次循环后比容量为 134 mA·h/g，容量保持率为 83%。在碳化温度为 700 ℃ 时，样品 HC-3 循环性能最好，50 mA/g 的电流密度下，HC-3 的可逆比容量为 227 mA·h/g（取第 10 次循环的比容量），经过之后的 80 次循环，比容量为 216 mA·h/g，容量保持率为 99.5%，每次循环的损失率仅在 0.06%，HC-3 的结构具有较好的循环稳定性。

倍率性能分析呈现了，采用直接碳化法在不同处理温度下得到的硬碳，在 0 ~ 3 V、不同电流密度下的结果。可以看出：碳化温度为 900 ℃ 时制备的样品 SC-3 的倍率性能最好，具有相对其他样品较高的放电比容量，在 0.05 A/g、0.1 A/g、0.5 A/g、1 A/g、2 A/g 和 5 A/g 的电流密度下，其放电比容量分别为 273 mA·h/g、175 mA·h/g、157 mA·h/g、110 mA·h/g、93 mA·h/g 和 70 mA·h/g，当电流密度返回 0.05 A/g 时，其比容量升为 187 mA·h/g。值得关注的是在小电流密度（0.05 A/g 和 0.1 A/g）下，循环稳定性较大电流密度下的循环稳定性差，这可能是由于硬碳电极在小电流密度下，存在一个活化的过程，即 SEI 膜的形成，电解液的分解以及材料表面的不可逆吸附，均处于一个不平衡状态，造成比容量波动比较大，循环性能差。采用水热 - 碳化法在不同处理温度下，得到的硬碳不同电流密度下的倍率性能结果显示，碳化温度为 700 ℃ 时制备的样品 HC-3 的倍率性能，表现最为突出。在 0.05 A/g、0.1 A/g、0.5 A/g、1 A/g、2 A/g 和 10 A/g 的电流密度下，其放电比容量分别为 291 mA·h/g、187 mA·h/g、163 mA·h/g、123 mA·h/g、95 mA·h/g 和 64 mA·h/g，当电流密度返回 0.05 A/g 时，其比容量迅速升为 224 mA·h/g。

通过对比分析我们可以看出，SC-3 和 HC-3 分别是两种制备硬碳方法中，储钠性能最好的样品。因此，我们分别对两个样品进行了进一步分析测试。

在 900 ℃ 下直接碳化获得样品 SC-3，在 0 ~ 3 V 电压范围内，以 0.01 mV/s 的扫速测试所得的结果说明，在第一次循环，没有明显的氧化峰，说明该过程储钠机制为类石墨微晶杂乱堆积形成的空隙的吸附机理。此外，电压与电流形成一个较大的不可逆的积分面积，说明发生了较多的不可逆反应。这种不可逆反应多源于 SEI 膜形成、表面有氧基团的吸附和微孔中钠离子的沉积。在接下来的循环中，在接近 0.1 V 出现一个小氧化峰。曾有报道称该氧化峰对应钠离子嵌入类石墨微晶的层中，该过程成为插层机理。此外，在高电压区 2.5 ~ 3.0V，出现电流突然增大，这是由于电池内极化现象。这种极化现象容易造成电池的短路，不利于电池的使用。SH-3 在 0 ~ 3.0 V 电压区间、0.05 A/g 的电流密度下获得充放电分析结果呈现类似 V 形，没有明显反应电压平台，均为斜线。大多学者认为斜线区域对应钠离子嵌入到微孔中属于吸附机理。在第 5 次循环中，0.2 ~ 0 V 电价范围内，比容的储钠比容量为 20 mA·h/g，仅占总容量的 10%。第 5 次循环的曲线与接下来循环曲线几乎重合，说明 SH-3 具有良好的可逆性。

经过水热处理后，在 700 ℃下碳化获得样品 HC-3 在 0 ~ 3 V 电压范围内，以 0.01 mV/s 的扫速测试所得的分析结果展示，在首次循环中，1.0 V 有一个明显的不可逆还原峰，这主要是由于材料表面的有氧基团和电解液发生的不可逆反应。在 1.0 V 也存在一个不可逆区，这是由电解液的分解以及 SEI 膜的形成造成的。同时，在 0.1 V 左右出现了一对氧化还原峰，在接下来的两次循环中一直存在，这对峰是钠离子在碳材料中嵌入和脱出的。第 2 次与第 3 次的 CV 曲线具有较好的重合性，这也暗示了 HC-3 具有良好的循环稳定性。HC-3 在 0.05 A/g 的电流密度下，第 1、5、10 和 20 次循环的充放电结果中可以看出，该曲线介于 V 与 U 形，也没有明显的反应电压平台，但在 0.1 ~ 0 V 的电压范围中，放电容量约为 80 mA·h/g，占到总容量的 40%，比 SC-3 在该电压范围中的贡献容量高，这也是相对 SC-3，HC-3 具有一个特别明显的氧化还原峰。第 5 次循环的曲线与接下来循环曲线几乎重合，暗示着 HC-3 具有良好的循环性能。

从 HC-3 和 SC-3 在 0.05 A/g 的电流密度下，经过 10 次循环后测得的交流阻抗和等价电路结果中可以看出，交流阻抗结果是由一个类似半圆的弧线和一条直线组成。高频区，交流阻抗曲线交点（Re），代表电极、电解液等固有电阻的总和；高中频区，圆弧代表的是在电极材料表面和 SEI 膜表面及内部的电荷转移，半圆的直径为电荷转移电阻（R_f+R_{ct}），直径越大，电荷转移电阻阻抗越大；低频区的斜线表示钠离子在硬碳中的扩散过程，斜线的斜率越大，扩散阻抗越小。电荷转移的曲线是圆弧而非标准的半圆，这与电极表面的不均匀、吸附层及 SEI 膜导电性差有关引起的。HC-3 的半圆环直接比 SC-3 的直径小，这就表明 HC-3 的电荷转移电阻比 SC-3 要小，说明 HC-3 的导电性较好。低频区 HC-3 的斜线的斜率大，这就意味着钠离子在材料内部的迁移阻力较小。以上说明了 HC-3 具有较好的电子和离子传导率，利于倍率性能的提高。从侧面验证了 HC-3 具有较好的储钠性能。

在两种制备方法中，SC-3 与 HC-3 性能最优。其中 SC-3 在 0.05 A/g6 的电流密度下，首次放电容量为 782 mA·h/g，首次库伦效率为 28%，经过 100 次循环后放电比容量 186 mA·h/g，在 2 和 5 A/g 的大电流密度比容量分别为 93 mA·h/g 和 70 mA·h/g；HC-3 在 0.05 A/g 的电流密度下，首次放电容量为 446 mA·h/g，首次库伦效率为 52%，经过 100 次循环后放电比容量，216 mA·h/g，在 2 和 10 A/g 的大电流密度比容量分别为 95 mA·h/g 和 64 mA·h/g。虽然直接碳化能够较好地保持小蓟草原有的形貌，但材料中杂质的含量高，造成比容量较低，同时其较大的比表面积虽能增加活性位点，但也易发生很多的不可逆反应，造成首次库伦效率较低。但是经过水热处理后再碳化而获得的 HC 系列硬碳，虽没有均匀、规则形貌，但这种碳球与纳米片黏在一起的结构，更利于电解的渗透，缩短离子扩散路径，从而增强硬碳的储钠能力，其次水热–碳化温度比直接碳化温度低，能耗较小。因此从储钠能力与能耗成本上考虑，水热–碳化两步法更适合小蓟草制备的硬碳。

与海藻酸钠衍生碳的储钠能力相比，小蓟草生物碳的能力优势更为突出。

第三节 杂原子掺杂下硬碳材料制备和储钠性能的影响规律

一、杂原子掺杂硬碳材料研究背景

由于杂原子的引入可以增加表面的活性位点、提高电子导电率、改善材料的表面润湿性和优化材料的孔结构，能有效地增加硬碳的比容量和改善硬碳的循环、倍率性能，所以杂原子掺杂被认为是提高硬碳材料的储钠性能的最佳方法。目前，N 掺杂碳是研究最多的掺杂方式材料。由于氮原子半径接近碳原子氮掺杂碳很容易实现，而且氮属于多电子元素，它的引入可以产生增加碳材料缺陷，以促进反应活性和电子导电率。例如，制备的氮含量为 6.8% 的碳材料，首次的储钠容量高达 1 057 mA·h/g，稳定后，可逆容量为 594 mA·h/g 远远高于未掺杂的碳材料。制备氮含量为 7.15% 掺杂碳纳米纤维，在大电流密度 5 A/g 下，经过 700 次循环后，储钠容量是 210 mA·h/g，容量的保持率高达 99%，这是目前报道碳材料作为钠离子电池负极材料的最高水平。

除了氮原子之外，硫原子掺杂碳也有报道。与氮原子不同，硫原子本身就具有电化学活性，可以作为一个新的储钠场所，增加储钠容量，同时大尺寸的硫原子引入碳结构，可增大碳层间距离，加快了钠离子嵌入/脱出硬碳的速度，增强了钠离子传输动力学。进而提升碳材料的化学反应活性。例如，通过热解聚乙撑二氧噻吩和硫代甲酸糠酯，制备出硫含量为 15.6wt%、层间距为 0.386 nm 的硬碳，在 0.1 A/g 的电流密度下，该材料的可逆储钠容量 482 mA·h/g，在 0.5 A/

g 电流密度下，经过 700 次循环后的容量保持率高达为 94%，表现出优异的储钠性能。

鉴于氮原子与硫原子掺杂对提高硬碳材料的储钠性能的优势，我们分别以三聚氰胺、硫粉作为氮原子与硫原子的来源，以小蓟草为碳源，分别制备了氮掺杂、硫掺杂和氮硫共掺杂硬碳，并研究了杂原子掺杂对硬碳的结构和储钠性能的影响规律。

二、杂原子掺杂碳材料的制备

取 1 g 水热后的产物，分别与 2 g 三聚氰胺、2 g 硫粉以及 2 g 三聚氰胺、2 g 硫粉混合物通过手动研磨混合均匀后，置于气氛管式炉。接着对管式炉进行抽真空，以 10℃/min 的升温速率升温至 300℃后，再以 2℃/min 的升温速率升至 700℃，并保温 2 h。待保温时间结束后，通入 Ar，直至炉温降到室温。接着将获得的掺杂硬碳在 50 mL 的盐酸（2 mol/L）中磁力搅拌 2 h 后，用去离子水反复清洗，直至 pH 为中性。将其放入 80℃烘箱中烘干为止。

将以三聚氰胺为氮源获得的氮掺杂硬碳命名为 N-HC；将硫粉为硫源获得的硫掺杂硬碳命名为 S-HC；将三聚氰胺、硫粉作为氮硫源获得的氮硫共掺杂硬碳命名为 NS-HC。

三、结果与讨论

（一）材料结构表征

通过三种掺杂方式获得的硬碳的 XRD 分析结果明显看出，N-HC、S-HC、NS-HC 三个样品均在 $2\theta =24°$ 附近出现较宽的衍射峰，说明是三种硬碳材料具有一定的石墨化度。与 N-HC 相对比，S-HC 和 NS-HC 的 2θ 角向小角度发生轻微的偏移，这种偏移可能是由于较大半径的硫原子的引入，增加了材料无序度，迫使层间距变大。根据布朗克方程计算出，N-HC、S-HC、NS-HC 的层间距分别为 0.386 nm、0.389 nm、0.393 nm，均大于为未掺杂的硬碳（0.384 nm），如此大层间距，更利于钠离子在充放电过程的转移。另外，在 S-HC、NS-HC 样品中并不含有显著硫单质的特征衍射峰，推测材料中不含有大量的硫单质。

从获得杂原子掺杂硬碳的拉曼分析结果中看出，在三种样品在波数 1 350 cm^{-1} 和 1 590 cm^{-1} 附近均出现了代表无序的碳、边缘缺陷程度的 I_D 峰和碳 sp^2 杂化形成的 I_G 峰。一般以 D 峰和 G 峰的积分面积比（I_D/I_G 值）来定性的表征硬碳的有序度，I_D/I_G 值越大，有序度越小，石墨化程度越低，硬碳的缺陷就越多。通过对拉曼图谱分峰计算，N-HC、S-HC、NS-HC 的 I_D/I_G 值分别为 0.98、0.92、1.02，明显大于未掺杂的硬碳。这说明掺杂增加硬碳的内部的缺陷。其中，N-HC 的 I_D/I_G 值比 S-HC 的比值高，这可能是因为氮掺杂更能破坏硬碳原有结构，缺陷增加多，也可能是由掺杂量的不同引起的；NS-HC 的 I_D/I_G 值最大，说明双原子掺杂对硬碳原有结构破坏效果最大，材料缺陷增加最多。

从氮掺杂硬碳 N-HC 的扫描电子显微镜中可以看到，样品是由较少的片结构和黏结在一起的纳米碳球组成，在材料的边缘有轻微的模糊，这可能是由于氮掺杂与边缘碳反应引起的。硫掺杂硬碳 S-HC 的 SEM 结果与 N-HC 的 SEM 结果差别不大，呈现出表面光滑纳米球黏结形成块状，这是在水热过程中多糖分子的官能团分解缩聚相互交联而引起的，但 S-HC 的纳米碳球尺寸变小。扫描电子显微镜中的氮硫共掺杂硬碳 NS-HC，可以清晰地观察到，NS-HC 也是大量的纳米片和黏在一起的纳米球构成，同时在硬碳表面出现大面积的模糊图像。为了进一步了解氮硫共掺杂硬碳的微观形貌，我们对 NS-HC 进行透射电镜测试。测试中氮硫共掺杂硬碳呈现杨絮状的形貌，该形貌为极薄的片状，类似于石墨烯，易卷曲、折叠；并未出现纳米球的形貌，这可能是在无水乙醇分散样品，杨絮结构硬碳较轻，取样不均造成的。总体上与 N-HC 的 SEM 结果一致。氮硫共掺杂硬碳材料通过高分辨电镜显示，有大量无规则走向的突起，这是由于杨絮状的硬碳卷曲和褶皱增强了该区域的类石墨层的显现。这说明共掺杂对硬碳的形貌影响较大。同时这种结构可以增加材料的比表面积，作为电极材料时，能增加与电解液的接触面积，缩短钠离子的传输路径，更利于电子和钠离子的传输与扩散，从而改善钠离子电池的性能。

为了了解杂原子掺杂对硬碳的比表面积和孔径的影响，我们对三种不同样品分别做氮气等温吸附脱附测试。三种不同掺杂方式的硬碳的氮气等温吸附线和孔径分布展现了，N-HC 与 S-HC 样品的等温吸附脱附曲线，没有回滞现象，而且在相对低压阶段，吸附体积迅速上升，属于典型的 I 型等温曲线，这说明材料中含有大量的微孔结构。微孔结构是热解碳的共性。NS-HC 虽在低压阶段也出现了吸附体积迅速上升现象，但在 $0.4 \sim 0.8$ P/P$_0$ 出现回滞现象，属于典型的 IV 型等温曲线材料，说明材料中存在介孔。通过计算，N-HC、S-HC 和 NS-HC 三种硬碳的比表面积分别为 356 m^2/g、306 m^2/g、547 m^2/g。双原子掺杂对硬碳材料比表面积影响之大，可能是由于碳化过程中氮与硫具有协同作用，相互促进与硬碳边缘碳的反应，从而产生杨絮状形貌（目前，该协同作用机制尚未解释清楚）。这种结构具有较大的比表面积，能够增加与电解液的接触，缩短钠离子的传输路径，更利于电子和钠离子的传输与扩散。但也会导致电池的首次库伦效率较低。三种样品的孔径分布显示，N-HC、S-HC 和 NS-HC 样片是以孔径在 $0 \sim 2$ nm 的微孔为主，NS-HC 中含有部分孔径在 $2 \sim 4$ nm 的介孔。这与氮气等温吸附脱附曲线分析结果一致。

为了研究氮和硫在硬碳中的掺杂状态，我们分别对这三种掺杂硬碳做了 XPS 测试。三种掺杂硬碳的 XPS 测试结果，展示了 C 1s、O 1s、N 1s 和 S 2p 的峰谱，说明我们的掺杂是非常成功的。我们通过 XPS 分析，计算出三种掺杂的硬碳中各元素的原子百分比。NS-HC 中的氮原子与硫原子的原子占比均高于其他两种材料的值，这与初期掺杂剂的用量有关，氮硫共掺杂存在协同作用，相互促进掺杂效果。

表 4-5 掺杂硬碳中各元素含量

样品	C/at%	O/at%	N/at%	S/at%
N–HC	83.81	10.23	5.96	/
S–HC	84.12	13.06	/	2.82
NS–HC	81.10	9.69	6.12	3.09

众所周知，在氮掺杂碳中，氮元素存在吡啶型（Pyridinic–N）、吡咯型（Pyrrolic–N）和石墨型（Graphitic N）三种形式状态，其中，吡咯型 N 以 C 以 sp^2 杂化方式连接，属于富电子杂环化合物，可以增加平面和边缘的缺陷，提高导电率和钠离子扩散速度，从而有效地提高碳电极的电化学性能。吡啶型氮是属于缺电子芳香杂环，对提升碳电极的电化学性能作用不大。由于石墨型氮在本样品中含量比较少，所以对 N 1s 的峰只进行了吡啶型氮和吡咯型氮拟合。N–HC 和 NS–HC 中的 N 1s，主要以吡咯型氮为主，分别为 64% 和 69%。根据数据报道，在硫掺杂中，硫元素存在噻吩型（–C–S–C）、含有氧噻吩型（–C–SO$_x$–C–）以及硫单质三种形式状态，其中噻吩型硫中含有两对孤对电子，属于富电子杂环化合物。从制备 S–HC 和 NS–HC 的 S 2p 结果可以看出，硫元素主要有 –C–S–C 和 –C–SO$_x$–C– 形式存在，其中 –C–S–C 是富电子结构，对碳电极的电化学性能的影响很大，在 S–HC 和 NS–HC 中 –C–S–C 的含量分别为 48% 和 72%。

（二）杂原子掺杂硬碳材料的储钠性能表征

N–HC 样品在 0 ~ 2.5 V 电压范围，以 0.1 mV/s 的扫描速度获得的伏安循环测试表明，在第 1 次循环中，在 0.65 V 左右出现一个还原峰，该峰是电极材料与电解液接触面处形成的 SEI 膜。在 0.1 V 附近出现一对氧化还原峰，是说明 N–HC 电极在充放电过程中，存在钠离子类石墨微晶的嵌入与脱出现象，此后该对氧化还原峰得以保留，说明反应中的可逆性，材料的结构比较稳定。第 2 次循环与第 1 次循环存在一个较大的积分面积差，说明发生了较多的不可逆反应。这种不可逆反应的形成原因多数是 SEI 膜形成、沉积微孔中钠离子和吸附表面有氧基团。S–HC 样品在 0 ~ 2.5 V 电压范围，以 0.1 mV/s 的扫描速度获得的伏安循环测试表明，在第 1 次循环中，在 1.1 V 左右出现一个小的还原峰，该峰可能是由于 S–HC 中硫元素形成多硫化合物引起的，但在第 2 次循环时，该峰有消失的迹象，我们认为生成的化合物在循环过程中易溶解在酯类电解液。与 N–HC 掺杂不同，S–HC 在 1.95 V 和 1.98 V 出了一对氧化还原峰，且在第 2 次循环中稳定存在，这可能与硫元素发生可逆储钠行为有关。但 S–HC 在 0.1 V 出没有出现还原峰，这说明此时碳材料中钠离子嵌入石墨微晶的量很少或者没有，在该电压下，主要发生吸附储钠。HS–HC 样品在 0 ~ 2.5 V 电压范围，以 0.1 mV/s 的扫描速度获得的伏安循环测试表明，在 0.65 V 出现了 SEI 膜形成的还原峰，而且在第一次循环中，也存在一定的不可逆反应。对比三种掺杂方式，很明显 NS–HC 中电极反应与 N–HC、S–HC 均不同，不仅在 0.1 V 左右出现氧化还原峰，在 1.95 V 和 1.98 V 也出现了氧化还原峰。这说明低电压过程，氮掺杂对硬碳电极电化学性能影响较大，而在高压过程，主要是硫掺杂对硬碳电极电化学性能影响较大。具体的机理有待于进一步地研究探索。

三种掺杂硬碳在 0.1 A/g 电流密度下的循环性能展示了，在前十圈，容量均处于一个下降阶段，该阶段是一个对电极材料活化的过程，存在大量的不可逆反应，如 SEI 膜的形成，微孔结构的吸附，以及部分含硫化合物的溶解，对于硬碳材料是不可避免的。通过前 10 次的活化后，电池容量趋于稳定，所有掺杂硬碳材料比未掺杂的硬碳均表现出更高的比容量。NS-HC 的首次容量高达 806 mA·h/g 和 528 mA·h/g，首次库伦效率达到 65%。如此高的容量源于氮硫共掺杂硬碳的高比表面积，比表面积越大，暴露的缺陷活性位点越多，对钠离子的吸附也就越多，同时硫原子本身就能容纳钠离子，再加之氮硫共掺杂对扩大了类石墨层间距，钠离子更容易的嵌入与脱出，对提高硬碳电极的比容量也具有十分重要的作用。经过 10 次循环后，充放电比容量稳定在 281 mA·h/g 和 282 mA·h/g，此时，库伦效率接近 100%。在接下来的 40 次循环后，充放电容量分别为 268 mA·h/g 和 267 mA·h/g，容量保持率在 94.7% 左右，表现出优异的循环性能。S-NC 和 N-HC 在 0.1 A/g 的首次放电比容量分别为 612 mA·h/g 和 531 mA·h/g 均高于掺杂碳的容量。在经过 10 次循环后，两个样品的充放电曲线出现了重合，储钠容量接近，放电容量分别为 251 mA·h/g 和 253 mA·h/g。但在接下来的循环中 N-HC 容量略高于 S-HC，经过 50 次循环后，它们的放电容量分别为 207 mA·h/g 和 195 mA·h/g。这可能是由于氮的掺杂，利于提高电子导电率，利于电子与电荷的扩散与转移，而 S 掺杂对硬碳材料，一部分含硫化合物易在碳酸酯类的电解液发生溶解，导致容量逐渐降低，所以 S-HC 的容量不如 N-HC 的高，循环稳定相对较差。

三种掺杂硬碳分别在 0.1 A/g、0.5 A/g、1 和 2 A/g 的电流密度下，获得的倍率性能表明，NS-HC 的倍率性能最好，在 0.1 A/g、0.5 A/g、1.0 A/g 和 2 A/g 电流密度下，可逆稳定容量分别为 270 mA·h/g、238 mA·h/g、205 mA·h/g 和 170 mA·h/g，尤其在大电流密度 5 A/g 下，可逆容量高达和 137 mA·h/g，氮硫共掺杂对提升硬碳的倍率性能有很重要的作用。对于 S-HC 在 0.1 A/g、0.5 A/g、1 A/g、2 A/g 的电流密度下，比容量分别为 239 mA·h/g、196 mA·h/g、140 mA·h/g 和 96 mA·h/g，在 $5Ag^{-1}$ 的电流密度下，比容量仅为 61 mA·h/g，接近未掺杂的硬碳容量，在大电流下表现出较差的倍率性能。对于 N-HC，在 0.1 A/g、0.5 A/g、1 A/g、2 A/g 和 5 A/g 的电流密度下，比容量分别为 230 mA·h/g、217 mA·h/g、165 mA·h/g、135 mA·h/g 和 110 mA·h/g，在电流密度逐渐变大的过程中，N-HC 的储钠容量的波动幅度是三个样品中最小的，从侧面也暗示了氮掺杂对于提升硬碳的倍率性能有十分重要的意义。当电流密度再次回到 0.1 A/g 时，NS-HC、S-HC 和 N-HC 的比容量分别回到 240 mA·h/g、180 mA·h/g 和

200 mA·h/g，说明掺杂硬碳在大电流密度下结构未发生明显的变化，表现出优异的稳定性。

四种硬碳经过 20 次循环后的奈奎斯特曲线和模拟等价电路可以看出，四种样品的阻抗分析是由一个类似半圆的弧线和一条直线组成，分别代表在电极材料表面及 SEI 膜表明及内部的电荷转移和钠离子在硬碳中的扩散过程。N–HC、S–HC、NS–HC 电荷转移电阻 R_{ct} 分别为 259 Ω、502 Ω、404 Ω，均低于掺杂的 HC–3 硬碳的电荷转移电阻 720 Ω，这表明氮掺杂、硫掺杂以及氮硫共掺杂均能够有效地提高硬碳电极材料的电子导电率，且以氮掺杂最为显著。

人们常常通过以下两个公式来计算钠离子在固相电极中的扩散系数，公式如下：

$$D = \frac{R^2 T^2}{2A^2 n^4 F^4 C^2 \sigma^2}$$

$$Z_{re} = R_s + R_{SEI} + R_{ct} + \sigma \omega^{-1/2}$$

其中 R 是气体常数，T 是绝对温度，A 是电极片的表面积，n 是电子转移数，F 是法拉第常数，C 是电极中钠离子浓度，σ 是 Warburg 系数，即拟合线的斜率。有公式可知，钠离子的扩散系数与 $\sigma^{-1/2}$ 成正比，在低频 Z_{re} 和 $\omega^{1/2}$ 的关系中，拟合直线斜率越小，钠离子扩散速度越大，显然是杂原子掺杂硬碳材料的离子扩散速度，均大于未掺杂的硬碳 HC–3 的离子扩散速度。掺杂硬碳中 N–HC 的钠离子扩散速度最快，NS–HC 次之，S–HC 慢。虽然 –C–S– 也属于富电子结构，但可能由于含硫化物在碳酸酯类的电解液易发生溶解，增加了 SEI 膜的厚度，导致钠离子扩散速度变慢。这说明氮原子掺杂能提高硬碳的离子导电率，加快离子扩散速度，也能解释在倍率测试中 N–HC 比容量波动最小，S–HC 的性能最差。

与 HC–3 相比较，氮、硫和氮硫共掺杂均能提高硬碳的储钠性能，其中氮掺杂的贡献主要表现在能够提高硬碳的电子导电率，硫掺杂的贡献主要表现在能够增加硬碳的储钠容量。而在共掺杂中两者互相促进，因此氮硫共掺杂硬碳的更适合钠离子电池。

四、结论与展望

（一）结论

研究主要包括：首先，研究以生物质提取物海藻酸钠制备硬碳时的碳化温度对碳形貌结构与电化学性能影响；其次，研究了一步法（直接碳化）与二步法（水热 – 碳化）以及它们的碳化温度对制备小蓟草生物质硬碳的形貌结构与电化学性能的影响；最后研究了不同杂原子掺杂对硬碳形貌与电化学性能的影响。具体结论如下：

1. 以生物质提取物海藻酸钠为前驱体，利用其自身含有活化元素和疏松结构的海藻酸钠，采用简单的热解工艺制备出三维多孔硬碳。凭借其独特的结构，合成出的三维多孔硬碳作为钠离子电池负极材料时具有很高的比容量，优异的循环性能以及倍率性能。通过对不同温度下制得的硬碳的结构分析表明，随着热解温度升高，硬碳的（002）晶面衍射峰的相对强度逐渐增强，晶面间距逐渐减小。三维多孔孔壁逐渐变薄，热解温度升至 1 200 ℃，三维骨架瓦解成大小不一纳米片，比表面积也逐渐增大，从而影响了硬碳的储钠性。在实验条件下，在 1 000 ℃ 解热海藻酸钠获得了层间距为 0.393 nm、比表面积为 843 m²/g 的三维多孔的硬碳储钠性能最好，在 100 mA/g 的电流密度下，可逆充电比容量可达 205 mA·h/g 左右，在 1 Ag 的电流密度下，可逆充电比容量可达 162 mA·h/g；

2.采用生物质小蓟草为前驱体，通过一步高温碳化获得纳米片的硬碳。同时，采用水热 – 碳化两步法制备了有碳微球和纳米片构成的硬碳。通过对两种方法在不同碳化温度下，制备的硬碳结构与电化学性能，在横向与纵向对比发现，直接碳化利于保持生物质小蓟草原有的结构与形貌，其中在 900 ℃下的硬碳在同类中性能最好，在 0.05 A/g 的电流密度下，储钠容量能够稳定在 200 mA·h/g，但首次库伦效率仅为 29%；水热 – 碳化两步法在水热过程中出现大量的碳微球，导致在碳化后的硬碳形貌不均，其中杂质含量明显降低，在同类中，在 700 ℃碳化下获得硬碳性能最好，在 0.05 A/g 的电流密度下，首次的库伦效率约为 52%，储钠容量能够稳定在 200 mA·h/g，在 10 A/g 大电流密度下，储钠容量为 64 mA·h/g，表现出优异的倍率性能；

3.采用三聚氰胺和硫粉为掺杂剂，利用水热 – 碳化在 700 ℃制备出氮、硫和氮硫共掺杂硬碳。三种掺杂方式的硬碳在 0.1 A/g 电流密度下，稳定的储钠比容量分别为 251 mA·h/g、221 mA·h/g 和 281 mA·h/g，均远高于小蓟草中未掺杂的硬碳。在三种掺杂碳中，氮掺杂的贡献主要表现在能够提高硬碳的电子导电率，硫掺杂的贡献主要表现在能够增加硬碳的储钠容量，两种掺杂可以互相促进。氮硫共掺杂效果最好，在 0.1 A/g 的电流密度下，首次容量高达 806 mA·h/g 和 528 mA·h/g，首次库伦效率达到 65%。待稳定之后经过 40 次循环，充放电容量分别为 268 mA·h/g 和 267 mA·h/g，容量保持率在 94.7% 左右，表现出优异的循环性能。在 0.1 A/g、0.5 A/g、1 A/g、2 A/g 的电流密度个电流密度下，可逆稳定容量分别为 270 mA·h/g、238 mA·h/g、205 mA·h/g 和 170 mA·h/g，尤其在大电流密度 5 A/g 下，可逆容量高达和 137 mA·h/g，远高与未掺杂碳材料。

（二）展望

在研究工作的基础上，未来可开展以下几方面的工作：

1.关于掺杂硬碳材料储钠机理尚不明确，需对在不同充放电压阶段的电极材料采用核磁共振、XRD、XPS 等测试手段进行表征测试，以明确不同充放电电压阶段材料内部物理与化学状态，探索其储钠机理；

2. 进一步完善氮硫共掺杂硬碳实验，探究掺杂量对硬碳储钠性能的影响；

3. 根据不同杂质元素（N、S）对材料电化学性能的影响，可调控和研究其他元素（P、B）掺杂或共掺杂对硬碳的储钠性能的影响。

第五章 二维金属氧化物基纳米材料制备及其在能源存储领域评估

第一节 金属氧化物基纳米材料下新型材料制备及对超级电容器的革新

一、研究背景

（一）背景概述

18世纪中后期，随着第一次和第二次工业革命的蓬勃发展，大量的新技术新变革为人类的生产生活带来了巨大的便利，促进了社会的繁荣进步。但是，这些新技术的发展和应用几乎百分百地依赖以煤、石油和天然气等为基础的不可再生的碳基能源。社会发展到今天，这些传统的工业技术显示出了两大日益突出的弊端：碳基能源的日益枯竭及其燃烧带来的严重的环境危机。据报道，人类每年因消耗化石能源而排放的二氧化碳高达360亿吨，二氧化硫为1.6亿吨。这些现实的问题严重威胁着人类的生存与发展。为了缓解人类共同面临的问题，研究以太阳能、风能和氢能等为代表的环境友好型能源正受到全球越来越广泛的重视。这些新型能源来源广泛，比如太阳能取之不尽用之不竭，另一方面，这些新型能源在使用的过程中不会产生对环境有害的物质，对生态系统十分安全。而以超级电容器和金属－空气电池、燃料电池和电解水等为代表的高效电化学能源存储和转换装置，是新能源开发和利用的有效载体。高能量密度的超级电容器在大至空客飞机、小至便携式电子产品中，都发挥着重要的作用。而金属－空气电池、燃料电池和电解水等电化学过程都涉及一类重要的反应——析氧反应（OER）。因此，合理设计和构筑高性能的超级电容器电极材料和高效稳定的OER电催化剂材料，是实现高效能源储存和转化领域的必要条件。

二维材料作为近些年来新出现的一种热门的纳米材料，具有与其他块体材料不同的特殊性质，这主要源于其纳米尺度的厚度以及电子在二维平面的限域效应。过渡金属基二维纳米材料由于具有制备简单、价格低廉以及环境友好等特点，在能源存储与转换领域引起了人们的极大关注。

对于大多数半导体而言，比如金属氧化物／氢氧化物，他们具有较大的禁带宽度，使得他们的导电性较低，限制了离子在这些电极材料中的扩散，从而限制了其在高倍率性能器件中的应用。在众多的材料科学工程方法中，形貌的调变是补偿前面提到的金属氧化物／氢氧化物缺点的一个重要途径。将材料的厚度降至纳米维度，其性能将会发生显著改变。二维材料具有较大的比表面积／体积比，几乎能完全暴露其外表面，更大程度地利用活性材料的活性位点。此外，在锂离子电池和超级电容器中，离子在电极界面的扩散可表示为下面这个公式：

$$\tau = \frac{\lambda^2}{D_i}$$

其中，τ 为扩散时间；λ 为离子／电子的扩散长度；D_i 为离子扩散系数。降低 τ 的数值的方法有两种，要么降低离子／电子扩散长度，要么增大电极材料的扩散率。对于前一种情况，当块体材料被减薄到二维纳米尺寸时，离子扩散距离自然也被缩短，将促进活性位点上更快的电化学反应。离子在电极材料中的运动很难控制，因为这牵涉材料的离子扩散系数。除了纳米结构化策略，通过设计一个对于离子扩散相对低能垒面的晶体取向工程，也能促进离子在电极材料中的运动。沿着这个思路，巧妙设计具有暴露大面积的低能垒面，可以有效减小离子的扩散时间，这是因为一定的离子更适宜在特定的晶面上运动。与块体材料相比，二维结构可以提供更优异的机械灵活性和长时间稳定性。

无论是超级电容器储能过程还是析氧反应的能源转化过程，都与电极材料有着密不可分的重要联系。两者看似不同的电化学过程，却有着实质性的共同点，即导电性良好、大比表面积、与电解质充分接触、高活性位点和结构稳定性等。为了满足这些基本条件，近年来，二维材料的发展为我们提供了良好的契机。相比传统的块体材料和其他维度的纳米材料，二维材料展示出众多独特的性质，比如其丰富的表面暴露原子，使其具有较高的 OER 催化活性；超薄的厚度使其表面具有较多的缺陷，并可利用工程对其进行电子结构调控；独特的二维结构使其更容易与电解质发生充分接触；二维结构还利于缩短电解质离子和电子的传输路径等等。因此，发展一种简便的策略合成二维材料，并通过缺陷工程调制、表面改性等策略，对其在电化学过程中的性能加以提升是主要研究内容。

（二）超级电容器研究现状

超级电容器作为一种新型储能装置，引起了人们的广泛关注并被深入研究。美国能源部（US Department of Energy）将超级电容器和电池列为同等重要的地位。事实上，在能源储存领域中，电容器的应用甚至比电池还要早。早在 18 世纪中叶，莱顿瓶——一个内外附着银箔的玻璃瓶装置——被认为是最早的电容器。超级电容器是一种介于传统电容器和二次电池之间新型的储能器件。与二次电池相比，超级电容器具有更高的功率密度和更优异的循环稳定性（高达十几万次的循环）；与传统的电容器相比，超级电容器又具有更高的能量密度。因此，超级电容器在能量要求并不是特别高，但对功率密度要求较高的领域具有重要的应用价值，比如汽车的爬坡过程、空中客车 A380 的应急舱门、公交地铁刹车过程中的能量回收等等。但我们并不认为超级电容器可以取代电池，这两者各有特点相互补充。从电化学能源储存于转化装置的能量密度和功率密度能力可以看出，超级电容器的出现可以涵盖广泛的能量密度和功率密度范围。

1. 双电层超级电容器

1957 年，通用电气公司 H. I. Becker 将覆盖在金属集流体上具有高比表面积的碳材料，浸没在硫酸溶液中，申请了世界上第一个关于双电层电容器的专利。1971 年日本电气公司获得 SOHIO 公司专利许可，首次将水系超级电容器商业化。

关于双电层电容器的储能机制，也经历了三个发展阶段。第一个阶段是 19 世纪 Von Helmholtz 在研究胶体悬浊液时提出的双电层概念。该模型的要点是，电极－电解质界面处会因为电极的极化，而形成一个间距仅为一个原子尺寸的带相反电荷的致密双电层。双电层的概念一开始受到了科学家们的广泛关注，但是，该机制并未周全考虑电解质中，离子的扩散问题和离子的溶剂化作用等等，因此并不能准确反映电极－电解质界面处的状态。后来，Gouy 和 Chapman 两人对 Helmholtz 模型进行了改进，他们提出了 Gouy-Chapman 模型，该模型认为，电解质中的离子与电极之间，不但有静电引力的相互作用，同时还受到热运动的影响，电极表面呈现浓度梯度分布，从而在电极表面附近形成扩散层。该模型虽然较 Helmholtz 模型有了更为精准的表述，但在后来的容量计算中仍有较大出入。1924 年，Stern 结合上述两种模型的优缺点，发现在电极－电解质界面处，存在着两个区别明显的离子分布区域：靠近电极表面的致密层（Stern 层）和外部的扩散层。在 Stern 层中，离子分布符合 Helmholtz 模型，扩散层符合 Gouy-Chapman 模型。至此，双电层电容器的存储电荷的机制，才被彻底探索清楚。双电层理论的发展历史，也揭示了人类在探索自然奥秘时，一步步逼近真相的规律过程。

在双电层电容器中，电极材料通常为具有丰富孔道结构、高比表面、高导电性的碳材料。比如活性炭、碳纳米管、碳纤维、石墨烯、三维碳海绵等各种形式的碳材料。在充放电过程中，由于不涉及电极的化学和结构变化，所以双电层电容器一般具有超长的寿命（数百万次循环）。南京大学采用含氮的吡啶（pyridine）为碳源，原位地在氧化镁模板上，生成了可控的多级结构氮掺杂碳纳米笼。在 6MKOH 电解质中，电流密度为 1 A/g 条件下的面积比电容和质量比电容分别为 17.4 μF/cm^2 和 313 F/g，即使在电流密度增大至 100 A/g 时，质量比电容仍可达 234 F/g，远远高于纯碳材料的电化学容量。其组装的对称性电容器在水体系电解质中，体现出了优异的性能，在功率密度为 22.22 kW/kg 时的能量密度为 10.90 Wh/kg，并在 10 A/g 的电流密度下循环 20 000 次后，电容仍可以保持为初始值的 98%。笔者认为，该结构的碳材料，不但具有大比表面、高导电性以及丰富的多层次孔结构，而且 C–N 极性键的存在大大增强了材料的表面浸润性，并使得电容器的等效串联电阻和电荷转移电阻，都大大减小。还进一步利用铜为模板，采用 PMMA 为碳源，制备了三维寡层石墨烯材料。由于石墨化的作用，其导电性比氮掺杂的材料有了明显的提高，并随后引入氧官能团使其具有良好的浸润性。而且，该材料具有丰富的孔结构（微孔、介孔和大孔）。作为超级电容器电极材料时，水体系下，在电流密度为 1 A/g 时的比电容为 231 F/g，当电流密度增大至 2 000 A/g 时，比电容仍有 55.8% 的保留。这种超高的倍率性能是相当少见的。当使用 EMIMBF$_4$ 离子液体为电解质时，该材料在电流密度分别为 1 A/g 和 200 A/g 时的比电容也可分别达 226 F/g 和 135 F/g，展示出了优异的倍率性能。在该材料组装的两电极对称电容器，在功率密度为 152.9 kW/kg 时的能量密度可达 125.5 Wh/kg，该数据体现出媲美锂离子电池的性能。并且，在极高的电流密度下（100 A/g）下循环 20 000 次后，其电容仅仅衰减了约 9%，显示出了极高的稳定性。

在双电层电容器材料上也做了一系列的工作。利用尿素为氮源、酚醛树脂为碳源，制备了一种氮掺杂的介孔碳材料。该材料具有规整的介孔结构，较大的比表面积（537 m^2/g），孔径约为 3.6 nm，孔体积为 0.49 m^3/g。XPS 结果显示，氮物种主要为吡啶氮和吡咯氮，EDS 结果显示，氮物种均匀地分布在介孔碳的骨架上。将该材料作为超级电容器电极材料时，6MKOH 为电解质中，0.5 A/g 电流密度下的比电容为 225 F/g，高于没有掺杂氮的纯碳材料（169 F/g）。

通过将醋酸镍和葡萄糖一步水热法，制备得到了花状分级介孔碳材料。醋酸镍在该过程中起到了多重作用：第一，引导形成花状结果；第二，催化碳石墨化；第三，造孔剂。所形成的超结构由厚度约为 20 nm 的介孔碳花瓣组成。在 6MKOH 电解质体系里，电流密度为 0.5 A/g 时的比电容为 226 F/g，当电流密度升高至 20 A/g 时，电容还有 82% 的保留，显示出了良好的倍率性能。同时，还测试了其循环稳定性，在高电流密度（20 A/g）下循环 2000 次后容量几乎没有衰减。

碳材料的表面功能化是提升其性能的有效途径。采用一种简易的方法在介孔碳的表面进行了磺酸基的修饰。碳源（蔗糖）和模板剂（P123）溶解在稀硫酸中，随后缓慢蒸发，蔗糖在这个过程中被部分碳化形成中间相，随后对该中间相进行惰性气氛下的煅烧处理，最终形成了表面磺酸基功能化的介孔碳材料。该材料具有蠕虫状的介孔结构、规整的孔分布（3.6 nm）和较大的比表面积（735 m^2/g）。将得到的介孔碳作为超级电容器电极材料时，0.5 A/g 的电流密度下的比电容为 216 F/g，当电流密度增大至 20 A/g 时，电容仍有 198 F/g，比酚醛树脂碳化得到的碳材料和商业活性炭的电容都要高。笔者认为碳表面的磺酸基，有效增加了其表面润湿性，进而提高了其电化学性能。

另一个提高碳材料电容的途径，是在其表面引入具有赝电容特性的官能团。通过设计一种尺寸均一的 $SiO_2@MgO$ 纳米颗粒作为模板，来合成表面具有氧官能团的有序介孔碳材料。最优条件下的样品的比表面积为 896 m^2/g，元素分析显示器氧含量高达 15.6%，红外表征结果显示其具有明显的 –C=O 官能团特征峰。一般认为，–C=O 官能团的赝电容特性来自以下反应：

$$-C=O+H^++e^- \leftrightarrow -C-O-H$$

将上述方法制备的表面含氧官能团修饰的介孔碳，应用于超级电容器研究，在 1 mol/L H_2SO_4 电解质溶液中，其 CV 曲线会有明显的氧化还原峰，在 0.5 A/g 的电流密度下，其比电容可达 257 F/g。

但是，不可否认的是，碳基双电层电容器的缺点在于其能量密度相对较低，过高的孔隙率虽然会带来比容量的升高，但同时也会降低其体积能量密度，给其实际使用带来负面影响。

2. 赝电容超级电容器

1971 年首先发现 RuO_2 材料体现出一种与双电层模式完全不同的电容机制，称之为"赝电容"。这种新的赝电容机制，利用电极材料表面与电解质发生快速，且高度可逆的氧化还原反应，来实现电荷的存储。这一点与电池材料的储能模式有部分类似。该类型的电容器不仅可以在材料表面进行电荷存储，还可以深入材料表面数纳米处，进行化学反应而存储电荷。因此，赝电容超级电容器具有比相同比表面积下的双电层电容器，更大的能量密度，因而受到更为广泛的关注。

根据赝电容的储能机制可以知道，优异的赝电容电极材料应具备以下几个特点：大的比表面积、良好的导电性、纳米化的结构。这一方面便于电荷的快速转移，另一方面利于材料利用率的提高，进而提高其比容量。常见的赝电容材料可分为以下几类：

（1）过渡金属氧化物

常见的过渡金属氧化物是研究比较多的赝电容电极材料。如 Co_3O_4，NiO，MnO_2 以及混合过渡金属氧化物等。此类材料的表面，可经过快速可逆的氧化还原反应，展示出较高的电容性能。人们希望在保持超级电容器固有的高功率密度和长寿命的同时，通过进一步提升其比电容，拓宽超级电容器的应用范围。

Co_3O_4 因具有较高的比容量（3 650 F/g）、良好的可逆氧化还原性、储量丰富、价格适中且环境友好，因此被认为是一种良好的赝电容超级电容器电极材料。在碱性电解质中，其经历着复杂的反应过程，一般来说，其 CV 曲线上有两对氧化还原峰，其反应过程如下：

$$Co_3O_4+OH^- + H_2O \leftrightarrow 3CoOOH+e^-$$

$$CoOOH+OH^- \leftrightarrow CoO_2+H_2O+e^-$$

已报道的 Co_3O_4 的电化学性能有较大的不同，这可能是由于材料的形貌、测试电压窗口、活性材料的负载量以及电解质等因素的不同而不同。通过溶剂热和随后的煅烧处理得到的生长在泡沫镍上的 Co_3O_4 纳米片，展现出了优异的电化学性能。该材料用于超级电容器电极材料时，在电流密度分别为 0.2 A/g 和 3 A/g 时的电容分别达到了 1 936.7 F/g 和 1 309.4 F/g，在 3 A/g 电流密度下循环 1 000 次后，电容仍有 78.2% 的保留。

一种通过电沉积的方法制备的沉积在碳纤维上的 Co_3O_4 纳米片，该材料的电极在 6.25 A/g 的电流密度下具有 598.9 F/g 的容量和良好的倍率性能。通过电沉积的方法，制备了水合的 RuO_2 纳米颗粒分散于 Co_3O_4 纳米片，并生长在柔性的碳纸基底上，在电流密度为 1 A/g 的情况下，纯的 Co_3O_4 和 RuO_2 的沉积时间分别为 10 min、20 min 和 30 min，Co_3O_4/RuO_2 材料的比电容分别为 786 F/g，824 F/g，905 F/g 和 859 F/g。此外，RuO_2 沉积时间为 20 min 的样品，在电流密度从 1 A/g 增加到 40 A/g 时，具有最好的倍率性能（78%）。通过伽伐尼置换法制备了附着在泡沫镍上的 Co_3O_4 纳米片材料，这种材料在 2MKOH 电解质中进行三电极体系下的电容测试，结果显示，在 1 A/g 的电流密度下容量可达 1 095 F/g，即使电流密度升高到 15 A/g，电容仍可达 678 F/g。稳定性测试表明，在电流密度为 5 A/g 的条件下，经历 3000 个循环以后，比容量也只损失了 16%。

南京理工大学课题组报道了一种磷酸根离子（$H_2PO_4^-$，PO_3^-）对 Co_3O_4 电极材料进行表面修饰的方法，通过磷酸根离子调节金属离子周边的电子环境，促进了离子的传输，提高了氧化还原反应的速率。改性后的 Co_3O_4 电极材料在 4.5 A/g 时的比电容高达 1 716 F/g，是未改性的原始 Co_3O_4 纳米材料的 8 倍。而且，该电极在经历 10 000 个循环伏安扫描后，容量还可保持初始值的 85%，表现出了极其优异的循环稳定性。

NiO 是一种很好的超级电容器电极材料，在碱性电解质中其经历着如下的相变：

$$NiO+OH^- \leftrightarrow NiOOH+e^-$$

其赝电容特性可以由循环伏安曲线上的氧化还原峰，以及恒流充放电的平台清晰地反映出来。其高度可逆的相转变，可以使其应用在很高的电流密度条件下。制备的多孔 NiO 纳米片在 3 A/g 和 15 A/g 的电流密度下，还具有 993 F/g 和 445 F/g 的容量。在稳定性方面，经过 500 次循环后电容值只比初始值衰减了 1.8%。南京大学课题组报道了一种介孔结构的 NiO/Ni 复合物，由于 NiO/Ni 异质界面的存在以及金属 Ni 单质含量的可调性，使得其与电解质有较好的接触性、较短的固体离子扩散距离以及更高的导电性，从而在电化学存储应用中具有超高的容量、倍率性能和稳定性。在最优化的介孔 NiO/Ni 复合物中（金属 Ni 的含量约为 51.8% ~ 79.0%）、电流密度为 1 A/g（以 NiO 为基准）下的比容量为 1 204 C/g（对于 NiO）和 522 C/g（对于 NiO/Ni 复合物）。

在未添加其他物质的情况下，利用微波辅助的方法制备了 NiO 纳米片。在微波功率从 900 W 降到 300 W 时，在电流密度为 2 mA/cm^2 下的比电容从 209 F/g 降低到 155 F/g。高的微波功率下的样品，具有更好的 OH$^-$ 离子扩散性和渗透性。最优化的样品在连续 1 200 个恒电流充放电测试下的比电容还有 87% 的保留。

利用溶剂热以及随后的煅烧处理的方法，制备了直接生长在三维泡沫镍上的带有大量纳米孔的超薄二维 NiO 纳米片。透射电镜显示纳米片的厚度约为 7 nm，孔的尺寸小于 10 nm。这种多孔的独特结构不仅能减小在快速氧化还原反应过程中的电解质扩散电阻，在长时间的充放电过程中还能保持其机械稳定性。电化学测试也显示了其优异的性能：在电流密度分别为 1 A/g 和 20 A/g 时，比电容分别为 2 013.7 F/g 和 1 465.6 F/g。循环 5 000 次后容量几乎没有衰减。与氧化石墨烯组成不对称电容器后，在功率密度为 1 081.9 kW/kg 时，能量密度为 45.3 Wh/kg。同时，该不对称电容器在循环 5 000 次后，容量也能保持初始值的 91.1%。

氧化锰是一种具有多种晶型的物质，主要有 α，β，γ，δ 和 λ 相。在这其中，δ-MnO$_2$ 具有独特的层状结构，主层板为共边的 MnO$_6$ 八面体，层间填充着水分子和其他阴离子。这种独特的结构，赋予了 δ-MnO$_2$ 在电化学领域应用中的优势。

MnO$_2$ 的晶相因为反应条件的微小变化，很容易相互转变，这使得合成单一晶相的 MnO$_2$ 很具有挑战性。MnO$_2$ 的合成方法主要涉及从低到高的湿化学法，比如氧化还原沉淀法、水热/溶剂热法、电沉积法等。利用模板辅助的方法，成功地合成了 MnO$_2$ 表面是纳米片组装的中空管状结构。水热 180 min 的 MnO$_2$ 的样品具有比其他控制条件下的样品更好的性能。电化学测试表明，MnO$_2$-180 电极在电流密度为 0.2 A/g 和 20 A/g 时的比电容分别为 315 F/g 和 152 F/g。此外，循环稳定性也可以通过高的容量率保持来体现。MnO$_2$-180 电极在 5 A/g 的电流密度下循环 3 000 次后电容仍然有 185 F/g。这种由超薄纳米片组成的相互连接的管状多级结构，有助于其优异的电化学性能，赋予了电解质和活性材料更有效的界面接触。此外，形貌的控制，MnO$_2$ 层间小的有机分子的插入，也是一种提升它们电化学性能的有效途径。通过离子交换的策略开发了一种水钠锰矿 MnO$_2$ 层间被填充了聚苯胺（PANI），得到的 PANI-MnO$_2$ 复合物在循环 1 000 次后的容量为 330 F/g，为初始值的 94%。这里性能的提升是由于引入了高导电性的聚合物到 MnO$_2$ 的层间。

MnO$_2$ 与导电材料的复合在过去被广泛研究过。由于碳基材料和导电高分子的高导电性，使得电荷转移路径更为高效，从而使得 MnO$_2$ 的可逆性得到进一步提高。数据报道中，碳凝胶、介孔和金属基底的应用，可以带来电化学性能上的飞跃。特别是，由二维 MnO_2 纳米片构造的三维框架结构，由于其更大的可接触表面积和更有效的电解质渗透，从而赋予其更多的暴露表面积。将二维 MnO_2 直接生长在泡沫镍上构造三维结构，在电流密度为 5 A/g 时，比容量为 690 F/g。研究发现，在相同的电流密度下，少量金属铂的存在可以极大地提高其比容量至 1 222 F/g。制备的一种独立的 3D/MnO_2 复合网状结构，作为超级电容器的电极材料。在电压窗口为 1 V，功率密度为 62 kW/kg 的条件下，其能量密度为 6.8 Wh/kg，在商业化应用上很有前景。与 MnO_2 复合的其他金属氧化物材料也被不断地报道出来。通过其可裁制的功能，MnO_2 的内在缺点能被有效弥补，并带来意想不到的电化学性能。比如水体系中合成了 $V_2O_5@MnO_2$ 多组分复合物，用于超级电容器电极材料。纯的 MnO_2 纳米片在 1 A/g 的电流密度下，比电容只能达到 304 F/g，而与氧化钒复合之后，同样的电流密度下，其比容量就升高至 694 F/g。

与 Co_3O_4 类似，$NiCo_2O_4$ 也具有尖晶石结构。一般地，Ni 和 Co 都显示出一种混合价态（Ni^{2+}/Ni^{3+} 和 Co^{2+}/Co^{3+}）。$NiCo_2O_4$ 由于具有丰富的电化学活性位点、丰富的金属离子价态变化以及比单一金属氧化物更高的导电性而被广泛研究。高的导电性使 $NiCo_2O_4$ 具有优异的电化学性能，尤其是倍率性能。类似于 NiO 和 Co_3O_4 一样，二维 $NiCo_2O_4$ 材料的合成，也涉及其对应的二维金属氢氧化物纳米片，在空气中煅烧的拓扑转化。大多数二维 $NiCo_2O_4$ 的前驱体的制备也与 NiO 和 Co_3O_4 类似（水热/溶剂热，电沉积），只不过是在溶液中加入了两种化学计量的金属盐。一个主要的研究方向是探索 $NiCo_2O_4$ 生长在不同的导电基体上（泡沫镍、碳纤维和石墨烯）作为电极材料，研究它们的超级电容器性能。制备的一种生长在三维石墨烯上的二维 $NiCo_2O_4$ 纳米片复合材料应用于超级电容器电极。这种 3DGN/$NiCo_2O_4$ 复合电极在电流密度为 6 A/g 下，展示出了 2 173 F/g 的超高比容量，并具有非常优异的倍率性能（电流密度达到 200 A/g 时，还具有 954 F/g 的容量），稳定性方面，在高电流密度（100 A/g）下循环 14 000 圈，容量还有 94% 的保持。超级电容器性能，特别是倍率性能和超长的稳定性，比曾经报道的其他赝电容材料都要好得多。除了导电性优良的三维石墨烯，能促进电荷的快速转移以及 $NiCo_2O_4$ 与三维石墨烯之间良好的机械/电子作用外，这种优异的电化学性能，还得益于具有介孔结构的二维 $NiCo_2O_4$ 纳米片的形貌，这种独特的结构和形貌，不但能扩大表面积、提高材料的利用率，而且还能改善体积膨胀变化，有效释放循环过程中的应力。

此外，还发展了一种简便温和的液相合成法，并伴随着后续的煅烧处理，制备了强力附着在不同导电基体上的相互连接的介孔 $NiCo_2O_4$ 纳米片，并用于超级电容器电极材料。这种整合式的电极，即使是在高的充放电电流密度下，也能显示出超高的比容量和良好的稳定性。对于生长在泡沫镍上的介孔 $NiCo_2O_4$ 纳米片，这些介孔均匀地分布在整个 $NiCo_2O_4$ 上，而且介孔的尺寸约在 2 ~ 5 nm。除此之外，其比表面积高达 112.6 m^2/g。其面积比电容在电流密度为 1.8 mA/

cm^2，3.6 mA/cm^2，5.4 mA/cm^2，10.8 mA/cm^2，19.8 mA/cm^2 和 48.6 mA/cm^2 时，分别达到 3.51 F/cm^2，3.14 F/cm^2，2.8 F/cm^2，2.2 F/cm^2，2.05 F/cm^2 和 1.37 F/cm^2。泡沫镍支撑的 $NiCo_2O_4$ 纳米片也展示出了优异的循环稳定性。在电流密度为 8.5 mA/cm^2 时，其初始面积比电容为 2.09 F/cm^2，并在循环 3 000 圈后仍有 1.95 F/cm^2。即使是在更高的 25 mA/cm^2 的电流密度下，循环 3 000 圈后面积比电容的保持率也可达 82.8%。在质量比容量方面，在电流密度为 8.5 mA/cm^2 和 25 mA/cm^2 时，其质量比容量在循环 3 000 次后，分别从 1 743.34 F/g 降到 1 626 F/g 以及从 1 065.3 F/g 降到 885.4 F/g，其负载量大约为 1.2 mg/cm^2。对于如此优异的电化学性能，依旧给出了类似的解释。一种温和的微波合成并伴随后续的煅烧的方法来制备 $NiCo_2O_4$ 纳米电极，用于超级电容器研究。在该工作中，超薄的形貌和多孔的结构也被用来解释性能优异的原因。一种独特而温和的 SDS 模板法制备的片状 NiCo 层状双金属氢氧化物，经过后续的煅烧处理后得到 NiCo 多孔氧化物纳米片。大的比表面积和丰富的介孔纳米片结构，造就了该材料的高比容量（830 $F/g@1A/g$）、优异的倍率性能（在电流密度为 40 A/g 时，仍然有 73.5% 的比电容保持量）和良好的稳定性（循环 2 000 次后容量为初始值的 113%）。

采用水热并伴随后续的煅烧处理的方法，制备了泡沫镍上直接生长 $ZnCo_2O_4$ 纳米片的整体式复合电极，用于超级电容器研究。该过程中，笔者添加了 NH_4F 来确保活性材料在泡沫镍基底上的牢固生长。电化学测试表明，这种整体式电极具有超高的储能电荷的能力，在电流密度为 5 A/g 时的比容量达到了惊人的 2 468 F/g，即使电流增大至 100 A/g，其比电容还可达到 1 482 F/g。如此之高的比电容和倍率性能实属罕见。笔者在电流密度高达 30 A/g 下，来评价电极的稳定性，在循环 1 500 次后电容仅仅衰减 3.7%。如此出色的电化学性能主要是由于以下几个原因：第一，$ZnCo_2O_4$ 纳米片阵列在泡沫镍上的均匀生长，减少了镍基底的裸露，并且增加了电解质和电极的接触面积，有效地提了活性物质的利用率；第二，纳米片阵列之间相互连接，使得其在长时间循环过程中，能保持结构的稳定性，并有效减少接触电阻。第三，介孔结构的纳米片状结构不但可以提供大量的电化学活性位点，还可以减少电子/离子的传输距离。

利用上述类似的方法，将 $ZnCo_2O_4$ 纳米片直接生在泡沫镍上，作为超级电容器的电极材料，2MKOH 电解质中电流密度为 2 A/g 时的比电容达到了 1 220 F/g，并且，经过 5 000 个循环后容量只衰减 5.8%。笔者将其优异的电化学性能归结于三个因素：一是直接生长在泡沫镍上的活性物质，因为没有粘结剂和导电添加剂，因而减少了"死体积"的比例；二是直接生长的策略，确保了活性物质与集流体之间强的机械相互作用和良好的电子导通；三是这种独特的三维介孔结构，具有较大的比表面积和丰富的孔隙率，促进了电子/离子的传输。

（2）金属氢氧化物

对于 NiO 的合成，Ni（OH）$_2$ 的制备就相对简单。这是由于 Ni（OH）$_2$ 独特的晶格取向，导致其容易各向异性地生长出二维结构来。通常，水热／溶剂热法、化学浴沉积以及电化学沉积等方法都可以实现二维 $Ni(OH)_2$ 的合成。六方层状的 $Ni(OH)_2$ 展现出了良好的超级电容器电化学性能。$Ni(OH)_2$ 和碱性电解质的相互作用，可以用下面的反应方程式表示：

$$Ni(OH)_2 + OH^- \rightarrow NiOOH + e^- + H_2O$$

通过微波的方法在低温的条件下，即可液相合成大面积的二维 $Ni(OH)_2$ 材料。单层的 $Ni(OH)_2$ 纳米片的厚度约为 1.52 nm，伴随着表面的大面积暴露。由于这些特点的协同作用，从而导致高效的离子传输路径，$Ni(OH)_2$ 纳米片电极在 1 A/g，2 A/g，4 A/g，8 A/g 和 16 A/g 的电流密度下，比电容分别高达 4 173 F/g，3 650 F/g，3 270 F/g，2 820 F/g 和 2 680 F/g。即使在高倍率 8 A/g 和 16 A/g 下，$Ni(OH)_2$ 纳米片在经历 2 000 个循环后，仍然具有 100% 和 98.5% 的容量保留。笔者认为，正是由于该纳米片结构有较大的平面结构和超薄的厚度，使其具有超高比例的表面原子和独特的电子结构，因此，在基于表面反应的赝电容超级电容器材料中显示出了巨大的优势。二维 $Ni(OH)_2$ 纳米片厚度对电化学性能的影响经研究后发现，花状的 $Ni(OH)_2$ 纳米片在电流密度为 12 A/g，16 A/g 和 20 A/g 下的比电容分别为 1 874 F/g，1 573 F/g 和 1 426 F/g，分别比其他具有更厚边缘的 $Ni(OH)_2$ 纳米片（堆叠的纳米盘和六方纳米片）高。

尽管在碱性电解质中，氧化镍／氢氧化镍具有很高的比容量，但这两种材料的缺点是电压范围较窄，限制了其能量密度的提升。因此，使用碳基材料或者其他金属氧化物作为阴极，镍基电极作为阳极组成不对称超级电容器。一种氢氧化镍作为正极，活性炭作为负极材料的不对称电容器，展示了它的可行性，这种构型的电容器在能量密度为 22 Wh/kg 时的功率密度仍可达 0.8 kW/kg。

通过电沉积的方法在碳布上生长了一层致密的 $\alpha\text{-}Co(OH)_2$ 纳米片，通过在碱液中离子交换，使 $\alpha\text{-}Co(OH)_2$ 层板间的 NO_3^- 离子被 OH^- 取代，减小了层间距并使 $\alpha\text{-}Co(OH)_2$ 相转变成了 $\beta\text{-}Co(OH)_2$。电化学测试显示，在 4 A/g 时的比电容可达 756 F/g，即使电流密度升高到 32 A/g，电容仍可达 532 F/g。稳定性测试表明，该电极材料在经历 3 000 个循环以后，比容量仍可保持初始值的 95.7%。

近年来针对二维材料在赝电容超级电容器的应用也做了大量工作，针对 $Ni(OH)_2$ 纳米片相对较差的稳定性问题做了深入研究。笔者发现，在 $Ni(OH)_2$ 材料中掺杂微量的非电容活性的杂元素，比如 Mg 离子，可以大幅提高材料的循环稳定性。笔者设计了一种室温下的离子交换法制备了含有极少量的 Mg 离子的 $Ni(OH)_2$ 纳米片材料，在电流密度为 0.5 A/g 时的比电容为 1 931 F/g，并且有很好的倍率性能，在电流密度升高到 20 A/g，该电极材料的比电容仍可达 1 496 F/g。更重要的是，该电极材料在大电流密度下（10 A/g）经历 10 000 个循环以后，比容量仍可保持 95%，显示出了极其优异的稳定性。而没有掺杂的纯 Ni（OH）$_2$ 材料如大多数报道的那样，在经历 3 000 个循环后比容量就大幅度衰减了 49%。为了进一步提高 Ni（OH）$_2$ 纳米片电极材料的导电性和综合性能，笔者结合室温下的离子交换方法制备了 Ni（OH）$_2$ 纳米片与碳的复合材料（Ni（OH）$_2$/CNs）。在三电极体系下的测试表明，在电流密度为 1 A/g 时的比电容为 2 218 F/g，在与活性炭组成的非对称电容器测试中，在功率密度为 4.0kWkg^{-1} 的能量密度高达 56.7 Wh/kg，这一数值是目前已报道的同类型材料中最好的。

层状双氢氧化物（layered double hydroxides，LDHs）是一种具有较大比表面积、可根据特定功能来设计合成的层状材料。大部分 LDHs 可用 [M$^{II}_{1-x}$M$^{III}_x$（OH）$_2$]$_x$+（A^{n-}）$_{x/n}$·mH$_2$O 表示（M^{II}=Mg，Fe，Ni，Cu 等；M^{III}=Fe，Co，Al，Ca 等；A^{n-}=CO$_3$$^{2-}$，NO$_3$$^-$，ClO$_4$$^-$ 等）。LDHs 具有各种独特的物化性质，如主体元素多变性、易于可控生长、层距可调等。因此，LDH 类材料具有优异的电化学性能。

将剥离好的 CoAl-LDH 纳米片负载在预处理好的 ITO 玻璃衬底上，用于超级电容器电极的研究。电化学测试表明，该结构的电极的体积比容量可达 2 000 F/cm（质量比容量为 667 F/g）。笔者将其优异的电化学性能归因于其独特的微结构，这种形貌具有开放的框架结构，利于电化学活性位点的暴露，提高了电极材料的利用率。同时，活性材料之间边与边相连，减少了界面接触电阻，显著增强了其倍率性能，因而具有优异的电化学性能。构造出的 ZnCo-LDH 纳米片材料用于超级电容器的研究设计，具有高比表面积的多级结构的微/纳米材料，能够显著提高超级电容器的性能。按照这个思路，通过溶剂热的方法制备了具有大比表面积（300 m^2/g）和高孔隙率的 NiAl-LDH 纳米材料，孔径大约为 3.97 nm。基于其这种结构，使得该电极材料在 2.5 A/g 的电流密度下的比容量达到 477 F/g，并在 400 次循环后电容仍保持初始值的 95%。采用恒电位电沉积的方法，将 Ni$_{0.28}$Co$_{0.72}$-LDH 纳米片沉积在不锈钢丝网上作为超级电容器的电极材料。在 1MKOH 的电解质溶液中，其最高的容量为 2 104 F/g。制备的一种 LDH 与石墨烯相互堆叠的复合材料用于超级电容器研究，LDH 的主层板带正电，而氧化石墨烯表面带负电，通过静电作用，可以容易地构筑这样特殊结构的材料。这种杂化材料的比电容为 650 F/g，是单纯石墨烯的 6 倍之高。

（三）析氧反应

电催化氧析出反应（OER）在新能源技术中扮演了不可或缺的角色。与 HER（阴极析氢反应）不同，OER（阳极析氧反应）反应机制一般认为涉及 4 个电子的转移过程，并伴随着 O-H 键的断裂和 O=O 键的形成，因而动力学过程缓慢，制约着整个电解水的反应速率，是导致电能

损失的主要原因。因此寻找催化性能优异的 OER 催化剂是目前电解水的研究难点。从更长远的角度来讲，电解水制取氢能源的成功与否取决于 OER 催化剂性能的好坏。

关于 OER 的过程机理，因与其所处的酸性体系和碱性体系而有所不同。我们将目前被提及较多的可能的机理过程列在下面：

酸性体系：

$$M + H_2O_{(1)} \rightarrow MOH + H^+ + e^-$$
$$MOH + OH^- \rightarrow MO + H_2O_{(1)} + e^-$$
$$2MO \rightarrow 2M + O_{2(g)}$$
$$MO + H_2O_{(1)} \rightarrow MOOH + H^+ + e^-$$
$$MOOH + H_2O_{(1)} \rightarrow M + O_{2(g)} + H^+ + e^-$$

碱性体系：

$$M + OH^- \rightarrow MOH$$
$$MOH + OH^- \rightarrow MO + H_2O_{(1)}$$
$$2MO \rightarrow 2M + O_{2(g)}$$
$$MO + OH^- \rightarrow MOOH + e^-$$
$$MOOH + OH^- \rightarrow M + O_{2(g)} + H_2O_{(1)}$$

通过上述的反应过程我们可以看到，虽然目前的 OER 机理并没有一个统一的认识，但是仍有一些共同点，即相同中间产物如 MO 和 MOH。目前的分歧主要在于形成氧气的那个步骤。从中间体 MO 形成氧气的路径有两种：一个途径是两个 MO 中间体直接结合然后产生一个氧气；另一个途径是形成的 MOOH 中间体分解而得到一个氧气。尽管在机理认识上还存在着一定的差异，但电催化 OER 是一个多相反应是大家的一个共识。

工业上主要在碱性介质中电解水制氢，所以 OER 催化剂材料的选择要考虑耐碱腐蚀，同时工业生产催化剂应具有以下特点：良好的催化活性，低过电位，降低能量损失；高导电率，从而能降低电阻；高表面积，使其能产生尽可能多的活性位点；催化剂成本低，原料易得；较高的稳定性，使用寿命长。目前作为 OER 催化材料主要有贵金属基催化剂、钙钛矿型催化剂、尖晶石型催化剂、层状结构金属氢氧化物催化剂、以及非氧化物型催化剂（硫化物、磷化物、氮化物等）。近几十年来的纳米材料兴起，使得人们不再通过单纯调控化学组成来提高催化活性，转而研究催化性能与材料的形貌，微观结构之间的关系。在电催化过程中，纳米材料与宏观尺度材料相比，具有更大的比表面积，也就为电解液离子提供了更大的接触面积。同时，纳米材料的合成方式多样，在纳米尺度上所暴露的有效活性位点不同，即不同晶面效应的影响，所以可以通过控制合成不同形貌的纳米材料，来选择性能优异的电催化材料。

1. 贵金属催化剂

传统的 OER 催化剂为贵金属基的氧化钌（RuO_2）和氧化铱（IrO_2）。这两种电催化剂无论是在酸性还是碱性电解质中，都具有很高的电催化活性，被认为是 OER 催化剂的基准。利用在 Ar 气中分解 Ru 和 Ir 的氯化物得到纯金属，再通过 O_2 加热得到金红石型的 RuO_2 和 IrO_2，并分别在酸性和碱性条件下进行了电化学测试。在过电势为 0.25V 时，RuO_2 在酸性条件下（0.1 mol/L $HClO_4$）的电流密度为 10 $\mu A/cm^2$，在碱性条件下（0.1 mol/L KOH）的电流密度为 3$\mu A/cm^2$，相同条件下 IrO_2 的电流密度为 4 $\mu A/cm^2$ 和 2 $\mu A/cm^2$。在 Ti 基体上生长 $Ru_xIr_{1-x}O_2$，在扫描电镜下观察，当 x=0.4，即 Ir：Ru=3：2 时，电极表面的催化剂颗粒粒径最小，表面空隙率最大，电化学活性面积最大。虽然 Ru 和 Ir 等都是高效的 OER 催化剂，但其有限的储量和昂贵的价格是制约其大规模应用的主要因素。此外，也有研究结果表明，RuO_2 在高的阳极电位下会转变为水合化的 $RuO_2(OH)_2$，并随后去质子化变成高价态的 $(Ru^{8+})O_4$，这种高价态的钌的氧化物在电解质中并不稳定，进而会在电解质中溶解（伴随着电解质颜色的变化）。而且，IrO_2 也有着类似的分解机理。因此，开发价格低廉、储量丰富且高活性的 OER 催化剂具有十分重要的意义。

2. 钙钛矿型催化剂

钙钛矿型金属氧化物，结构通式为 ABO_3，其中 A 为碱土或稀土元素，而 B 为过渡金属元素。B 金属离子占据着 B-O 八面体的中心位置，而这些八面体通过共角而相连形成结构的支柱，而 A 金属离子则填充在结构的空隙中。

很多研究系统地探讨了钙钛矿结构的材料用于催化 OER 反应，并取得了丰硕的成果。深入研究 $La_{1-x}Sr_xFe_{1-y}Co_yO_3$ 体系后，指出其 OER 催化活性会随着 x 和 y 的增大而增大。所以将这种现象归因于 d 带分布和更高的 Co 离子价态，这暗示其 OER 催化性能与钙钛矿结构中 d 带电子有很强的联系。x 和 y 的增加会使得 σ^x 带宽增加，从而促进提到的 OER 进程中的第一步和第三步速度增加，而高价钴离子又会增强第二步的反应速度。对钙钛矿型 OER 催化剂做全面深入且细致地研究后发现，含有不同过渡金属离子的钙钛矿催化剂的 OER 活性有这样一个趋势，即：Ni>Co>Fe>Mn>Cr。这种趋势也与它们的 Tafel 曲线斜率相关，Ni，Co 和 Fe/Mn 的 Tafel 曲线斜率分别为 40 mV/dec，60 mV/dec 和 120 mV/dec。

被发现的一种具有钙钛矿结构的 OER 催化剂为：$Ba_{0.5}Sr_{0.5}Co_{0.8}Fe_{0.2}O_{3-\delta}$（BSCF）。在 50 $\mu A/cm^2$ 的电流密度下，相比于其他钙钛矿结构的氧化物（$LaNiO_3$，$LaCoO_3$，$La_{0.5}Ca_{0.5}CoO_{3-\delta}$ 等），其催化活性最高。在 O_2 饱和的 0.1 mol/L KOH 溶液中，OER 催化活性比直径 0.6 nm 的 IrO_2 纳米粒子高了一个数量级。在研究中还提出了设计高性能 OER 催化剂的两个指导方向：一是 e_g

电子应该相一致；二是过渡金属离子与氧有较强的共价作用。计算结果表明，e_g 和 t_{2g} 的电子导致了氧吸附能的贡献。根据 Sabatier 规则，太强（比如说 $LaCoO_3$）和太弱（比如说 $LaNiO_3$）都不利于 OER 催化反应的进行，而介于它们俩之间的条件可能比较适合。这也说明了为什么 Co 基和 Ni 催化剂普遍具有较好的 OER 性能。e_g 电子一致性被认为是解释钙钛矿型化合物 OER 活性的一个重要指标。$BaNiO_3$ 和 $BaNi_{0.83}O_{2.5}$ 之间会发生相变，而 $BaNiO_3$ 的 e_g 电子为 0，而 $BaNi_{0.83}O_{2.5}$ 的 e_g 电子具有一致性，这也正好与 $BaNi_{0.83}O_{2.5}$ 具有更加优异的 OER 性能的结论相一致。

3. 尖晶石型催化剂

目前有超过 100 种尖晶石结构的化合物被报道出来。尖晶石型化合物属于离子晶体，结构通式为 AB_2O_4。一个晶胞中 32 个 O^{2-} 形成最密立方堆积，产生 32 个八面体空位和 64 个四面体空位，3 价离子占据 16 个八面体位置，配位数为 6；2 价离子占据 8 个四面体位置，配位数为 4。该结构显示出，其比钙钛矿结构稍微复杂一点。尖晶石结构又可分为正尖晶石结构（$(A^{2+}_{Td})(B^{3+}_{Oh})O_4$）和反尖晶石结构（$(A^{2+}_{Oh})(B^{3+}_{Td})(B^{3+}_{Oh})O_4$）。与钙钛矿型化合物相比，过渡金属在尖晶石结构中具有更为丰富的配位结构。

尖晶石化合物具有相对较好的导电性，并且在碱性体系下，高的阳极电位下也具有很高的稳定性，这表明该类型材料在 OER 催化剂的应用中很有前景。大多数关于用于 OER 研究的尖晶石结构主要是铁基（铁氧体）和钴基化合物（另一种金属离子为过渡金属离子或者碱土金属离子，如 Mn，Ni，Cu，Zn 和 Li）。对于铁氧体型尖晶石结构化合物，系统研究了一系列的化合物的 OER 活性，结果表明，其催化性能的趋势为 $CoFe_2O_4 > CuFe_2O_4 > NiFe_2O_4 > MnFe_2O_4$。此外，另一研究结果也表明，包含 Ni 的铁氧体尖晶石结构化合物具有更加优异的 OER 活性。然而，类似的情形在钴基尖晶石化合物中稍有不同。在钴基化合物中引入 Ni，Cu 和 Li 将有助于其 OER 性能的提升，但是 Mn 是一个例外。这种现象可能是由于 Jahn-Teller 畸变引起的，在研究 $Mn_{3-x}Co_xO_4$（$0<x<1$）体系时发现，Mn 含量越低的时候，其整体的 OER 活性越好。

Co_3O_4 具有典型的尖晶石结构，具有成为 OER 电催化剂的潜力。通过在 250 ℃煅烧得到一种超薄多孔 Co_3O_4 纳米片，在 1.0 mol/L KOH 溶液中进行测试，当电流密度为 1 mA/cm² 时的过电势为 258 mV，Tafel 斜率为 71 mV/dec。Co_3O_4 还可以生长在其他基底上，作为双功能催化剂。利用石墨烯为基底上生长 Co_3O_4，得到了比单独的 Co_3O_4 和石墨烯更好的 OER 和 ORR 催化活性，同时发现在石墨烯中掺杂 N 元素可以进一步提高活性和稳定性。

众多的研究中，双金属尖晶石结构氧化物表现出了，比单一金属尖晶石氧化物更突出的 OER 性能，这表明其中的不同金属离子，在 OER 过程中扮演了不同的角色。但这些离子的具体作用目前还有一定的分歧。用 Zn^{2+} 取代 Co^{2+} 或者用 Al^{3+} 取代 Co^{3+} 制备，得到了 $ZnCo_2O_4$ 和 $CoAl_2O_4$ 样品，来系统研究 Co^{2+} 和 Co^{3+} 在 OER 中的具体作用。结果表明 Co^{2+} 和 Co^{3+} 分别起了不同的作用，并认为是 Co^{2+} 主导了 OER 性能。也是这个原因，$CoAl_2O_4$ 与 Co_3O_4 的 OER 活性相当，但优于 $ZnCo_2O_4$。但是却有人得到了与之相反的结论，笔者详细研究了 Co_3O_4 和 $ZnCo_2O_4$ 两种构型的尖晶石结构化合物的 OER 性能，得到的结论是 Co_3O_4 中的 Co^{2+} 离子并不是 OER 的活性中心，Co^{3+} 才是在 OER 反应中起核心作用的活性位点。

常用于作为电催化材料的尖晶石结构氧化物还有 $NiCo_2O_4$。用共沉淀法制备出一种 $NiCo_2O_4$ 尖晶石纳米线阵列，在 0.1 mol/L KOH 中 OER 起始电位仅有 0.6 V（vs.Ag/AgCl），并且在 45 000 秒的测试时间里，电流密度并没有明显衰减。通过 Cu_2O 作为牺牲模板制备了一种中孔介孔结构 $NiCo_2O_4$ 纳米笼，其具有很大的表面粗糙度和高度的孔隙率，使得其在 10 mA/cm^2 的电流密度下的过电势只有大约 340 mV，Tafel 曲线斜率也仅有 75 mV/dec。

使用氢氧化钠为沉淀剂，创造性地得到了一种核–环结构的 $NiCo_2O_4$ 纳米片并测试其电化学性能，在 1 mol/L KOH 中，当电流密度高达 100 mA/cm^2 时的过电势也只有 0.315 V。笔者将其出色的电催化活性，归结于这种独特的核–环结构提供的更大的比表面积和更多的表面 Co 活性位点。

4. 过渡金属氢氧化物

过渡金属氢氧化物具有较大的比表面积，OER 催化活性优异。制备的 $Co_{1-x}Fe_x(OOH)$ 催化剂，通过改变铁含量来研究催化剂在 1 mol/L KOH 中的 OER 性能。结合催化活性测试结果及结构表征，认为 CoOOH 在 $Co_{1-x}Fe_x(OOH)$ 催化剂中主要提高了 Fe 的导电性、化学稳定性和比表面积，Fe 则替代 Co 成为该电催化剂的主要活性中心。该研究成果给改进过渡金属氢氧化物的 OER 催化性能提供了新的思路。

层状双氢氧化物是一种具有较大比表面积、可根据特定功能来设计合成的层状材料。是一种性能优异的 OER 催化剂。

利用液相剥离的方法制备的一系列的单层双金属层状氢氧化物，对于其体相 LDH，单层 LDH 具有更为显著的 OER 催化活性。尤其是单层的 NiFe-LDH 和 NiCo-LDH，无论是在活性还是稳定性上，甚至超越了商业的氧化钌。笔者认为，造成单层 LDH 如此优异的电化学性能的原因在于，它可以暴露更多的活性位点以及明显改善的导电性。

用水热法制备出具有三维结构的 NiFe-LDH 纳米片，在 O_2 饱和的 0.1 mol/L KOH 电解质中的 OER 起始电位约为 1.46 V（vs.RHE），并且 Tafel 斜率（约为 50 mV/dec）低于 Ir/C 催化剂（约为 60 mV/dec），表现出优异的 OER 催化活性。在轻度氧化的碳纳米管上生长 NiFe-LDH 纳米片（NiFe-LDH/CNT），在 1 mol/L KOH 中的 OER 起始电位约 1.52 V，Tafel 斜率约为 31 mV/dec，值得注意的是，在过电势为 300 mV 时的 TOF 值，高达 0.56 s^{-1}，是之前的 FeNi 基催化剂的 3 倍。其他还有 CoAl-LDH，FeCo-LDH，CoMn-LDH 等工作报道均取得优异的催化析氧结果。

5. 其他形式的过渡金属基化合物

金属氢氧化物和氧化物都显示出了优异的 OER 催化活性，其对应的过渡金属硫属化合物（硫化物、硒化物和碲化物）因具有更高的导电性而备受关注。常见的用于 OER 的催化剂多为钴基和镍基硫属化合物，这是因为此类物质在酸性或碱性中，均具有较好的稳定性。其一般形式为 TC、TC_2、T_9S_8、Ni_3C_2 和 T_3S_4（T=Co 和 Ni，C=S、Se 和 Te）。该类型化合物一般比其相应的氧化物具有更加优异的 OER 催化性能，在 10 mA/cm^2 的电流密度下，过电势一般在 200 ~ 300 mV 范围内。比如，制备的生长在不锈钢丝网上的 NiS，在 0.1 mol/L KOH 中进行 OER 测试，在 11 mA/cm^2 时的过电势为 297 mV，Tafel 斜率仅有 47 mV/dec。合成的 NiS/Ni 也具有类似的 OER 活性。向单一金属硫化物中掺入第二种金属，得到一些整比或非整比复合金属硫化物，由于改变了表面结构、空隙大小等原因，会获得更高的性能和特殊的稳定性。利用胶体的策略，一步合成了二维超薄 $FeNiS_2$ 纳米片，在 O_2 饱和的 0.1 mol/L KOH 中进行测试，10 mA/cm^2 时的过电势为 290 mV，Tafel 斜率为 46 mV/dec，比相同条件的 RuO_2 还要低。通过硫化的方法，将在碳布上生长的 $NiCo_2O_4$ 纳米线阵列（$NiCo_2O_4$ NA/CC）转换为 $NiCo_2S_4$（$NiCo_2S_4$ NA/CC）。在 1 mol/L KOH 下进行 OER 测试。100 mA/cm^2 的过电势为 340 mV，Tafel 斜率为 89 mV/dec，相比于相同条件的 $NiCo_2O_4$，数值分别为 470mV 和 90 mV/dec，硫化物具有更好性能的原因在于，它比氧化物的阻抗值要低很多，利于 OER 的动力学反应，并且可能与硫化物具有更粗糙的表面、活性面积更大有关。利用尿素作为沉淀剂，在三维泡沫镍上生长了 $NiCo_2(CO_3)_{1.5}(OH)_3$，然后使用 S^{2-} 进行离子交换，得到 $NiCo_2S_4$ 纳米线阵列（$NiCo_2S_4$ NW/NF），并在 OER 测试中与其他 Ni 基硫化物在相同条件进行比对，结果从活性（10 mA/cm^2 时的过电势为 260mV）到稳定性（50h），$NiCo_2S_4$ 纳米线阵列都是最优异的。

与硫属化合物类似，过渡金属磷属化合物（氮化物和磷化物）也被用于催化 OER 进程。该类化合物一般具有类金属性质，有着良好的导电性和抗酸碱性。

由于磷的原子半径（0.109 nm）较大，因此磷化物一般都由三棱柱结构组成，同时这些棱柱堆积形成各向异性的生长结构，该特殊结构会导致金属磷化物具有更多的不饱和表面原子，并且过渡金属磷化物具有类似金属的导电性，因此过渡金属磷化物具有更高的内在催化活性。研究发现 Ni_2P 纳米颗粒具有很高的 OER 活性，并与 IrO_2，NiO_x 和 Ni(OH)$_2$ 等进行了比较，发现 Ni_2P 的活性最高，在 1 mol/LKOH 中 10 mA/cm^2 时的过电势只有 290 mV（vs.RHE），

10 小时的稳定性测量后过，电势仍有 300 mV。利用两步法在泡沫镍上生长多孔海胆状 Ni_2P，具有优良的 OER 和 HER 性能。在 1MKOH 中电流密度为 10 和 100 mA/cm^2 时的过电势分别为 200 mV 和 268 mV。在碳纳米管上生长的 CoP 纳米颗粒，其 OER 性能优异，0.1 mol/LKOH 中的起始电位为 290 mV，电流密度为 10 mA/cm^2 时的过电势为 330 mV，Tafel 斜率非常低，仅有 50 mV/dec。一般认为，磷属化合物的 OER 活性位点来自其表面很薄的一层（氢）氧化物，而内部的高导电性的磷属化合物内核则起到电子转移的作用。

（四）依据与研究内容

近年来，环境污染的日趋严重和化石能源的日渐枯竭，已经明显影响到全世界人民的生存与发展，人类不得不寻求更为清洁的能源来逐步替代煤石油天然气等传统能源，从而减少污染物的排放。开发对风能、太阳能、潮汐能等间歇性能源的存储，并将之应用于人们日常生活的方方面面，是目前大家的主要关注点。同时，通过电解水等方式制备零污染的氢能，则是一项具有巨大诱惑力的技术。因此，开发诸如超级电容器等高效的电能存储器件，以及廉价高效的析氧反应电催化剂的研究具有十分紧迫的现实意义。

通过上述我们可知，在赝电容超级电容器研究领域，过渡金属氧化物依旧是研究重点，但其固有的较差的导电性以及低的活性材料利用率，阻碍了电容器容量和倍率性能的进一步提升。而非贵金属基 OER 催化剂则面临着低活性和稳定性的问题。

针对超级电容器和非贵金属基 OER 电催化剂中，制约电极材料性能发挥的诸多因素，进行梳理和分析，构筑了一系列超薄的二维纳米片状结构材料，并结合缺陷工程调控和材料表面设计，以期提升该类型材料在电化学能源存储和转化中的性能，为推动社会能源变革提供理论基础以及材料基础。主要研究内容包含以下几个部分：

1. 富含氧空位的二维 Co_3O_4 纳米片的合成及其超级电容器性能研究：Co_3O_4 用于赝电容超级电容器研究的主要优势，在于其超高的理论容量和丰富的变价金属离子。但是其主要制约因素是其导电性差、发生在电极材料表面的法拉第氧化还原反应导致材料利用率低下。为了改善这些问题，我们设计了一种厚度在 20 nm 左右的纳米片状材料，以此来提高材料的有效利用。同时采用液相室温还原法在其表面创造丰富的氧空位，氧空位的存在使得 Co_3O_4 禁带中增加了缺陷态，从而使其导电性提高了一个数量级。氧空位的存在同时提高了材料中二价钴的比例，从而提升了材料的理论容量。

2. 富含氧空位的二维 $NiCo_2O_4$ 纳米片电极材料，用于超级电容器电极材料：相比于单一过渡金属的氧化物，掺杂型的双金属氧化物由于其丰富的组成、离子间的协同作用和更高的导电性，而具有优异的电化学性能。我们采用乙二醇作为溶剂和结构导向剂，通过水热、煅烧和液相还原制备了富含氧空位的 $NiCo_2O_4$ 纳米片状材料。

3. 缺陷工程调制 $ZnCo_2O_4$ 纳米片用于析氧反应：$ZnCo_2O_4$ 作为一种严格意义的正尖晶石结构材料，OER 反应中，二价锌离子是化学惰性的，真正起催化作用的是三价钴离子。丰富的氧空位使得 $ZnCo_2O_4$ 表面形成镂空结构，不但提高了材料的导电性，还使得钴氧八面体结构得到破坏，促进了活性位点与电解质的接触。此外，锌离子在碱性介质中不稳定而缓慢析出，进一步扩展了电解质的传输通道，极大地提升了其催化 OER 的性能。

4. 表面硫化的镍钴层状氢氧化物纳米片用于析氧反应：针对镍钴层状氢氧化物导电性和稳定性差的问题，我们通过室温快速硫化（30 s）的方法，在其表面构造一层硫化物，具有良好导电性和稳定性的硫化物层，起到了类似"盔甲"的作用，同时，硫元素的掺杂增加了 Met-al-S 之间化学键的共价性，促进了金属活性位点对反应物的吸附和产物的脱附，并优化了其对中间产物的结合能。

二、富含氧空位的二维 Co_3O_4 纳米片的制备及其超级电容器性能研究

（一）研究背景

Co_3O_4 作为赝电容超级电容器材料，具有价格低、理论容量高（3 650 F/g）、优异的可逆氧化还原性、环境友好、储量丰富且抗腐蚀性等特点，一直受到人们的广泛关注。然而，大多数已报道的 Co_3O_4 基材料的比容量都远远低于其理论值（200 ~ 1 400 F/g）。通常来说，限制 Co_3O_4 材料容量进一步提升的主要障碍有两点：一是该材料本身的导电性较差；二是电极材料的有效利用率较低。法拉第反应发生的区域一般是电极材料表面几个纳米的深度，所以，大部分体相材料并没有得到充分地利用。因此，设计基于二维纳米片状结构的 Co_3O_4 材料，能够通过高效的材料利用率、缩短的电子/离子扩散距离，从而实现高的电化学性能。对于解决材料相对较差的导电性问题，一般采取的措施是，使其与高导电材料复合，比如碳材料、导电聚合物等等。然而，Co_3O_4 的内在导电性并没有得到有效改善，由于 Co_3O_4 导电基材料界面的存在，与其他高导电性物质的复合对 Co_3O_4 导电性的提升很有限。

最近，提升金属氧化物导电性和比容量，可通过对材料表面功能化，或者引入氧空位的策略来实现。氧空位的存在主要起到两个方面的作用：一是可以提高材料的本征导电性；二是提高低价态金属离子的比例，从而提高材料的理论容量。比如，CoO 的理论容量可达 4 292 F/g，比 Co_3O_4 的理论容量要高出 20.6%。加州大学洛杉矶分校通过在层状 α-MoO_3 中引入一定量的氧空位，氧空位的存在可以扩大材料的层间距，从而促进了更快的电荷储存动力学，并使得 α-MoO_3 在插入/脱出 Li 离子的过程中结构得以保持。其显著的高容量主要是由于形成了可逆的 Mo^{4+} 离子。但是，传统的增加氧空位的方法，一般是在惰性或者还原性气氛中高温处理；并且，

目前的研究都集中在样品中既定含量的氧空位对性能的影响，尚未有研究氧空位含量与性能之间的对应关系。所以，采用温和方法在 Co_3O_4 材料中创造更多的氧空位，建立氧空位浓度与材料性能之间的关系显得非常重要。

在这部分工作中，我们首次通过不同的方法，制备了不同氧空位含量的 Co_3O_4 纳米片，研究氧空位浓度与其比电容之间的关系。首先，通过湿化学法制备了超薄的 $\alpha-Co(OH)_2$ 纳米片，通过煅烧制备得到初始的 Co_3O_4 纳米片，再经过气相氢气/液相硼氢化钠还原，制备得到一系列不同氧空位含量的 Co_3O_4 纳米片。四探针法测得材料的导电性，随着氧空位浓度的增加而显著提升。一系列表征手段也证实了氧空位浓度的增加和二价钴离子含量的升高。三电极体系下的电化学性能测试表明，氧空位浓度在 45% 时的比电容可达 2 195 F/g，比氧空位浓度为 26% 和 34% 的 Co_3O_4 纳米片分别高出 1.6 和 2.6 倍，充分证明了 Co_3O_4 纳米片中氧空位对材料电子结构的调控，进而提升了材料的电化学性能。

（二）实验部分

1. 实验试剂与设备

表 5-1 主要实验试剂与材料

原料名称	分子式	级别	厂家信息
六水合硝酸钴	$Co(NO_3)_2 \cdot 6H_2O$	分析纯	国药集团化学试剂有限公司
乙二醇	$(CH_2OH)_2$	分析纯	国药集团化学试剂有限公司
尿素	$CO(NH_2)_2$	分析纯	国药集团化学试剂有限公司
无水乙醇	C_2H_5OH	分析纯	国药集团化学试剂有限公司
硼氢化钠	$NaBH_4$	分析纯	国药集团化学试剂有限公司
丙酮	CH_3COCH_3	分析纯	国药集团化学试剂有限公司
盐酸	HCl	分析纯	国药集团化学试剂有限公司
氢氧化钾	KOH	分析纯	国药集团化学试剂有限公司
乙炔黑	C	分析纯	国药集团化学试剂有限公司
粘结剂	$-(CF_2-CF_2)_n-$	分析纯	国药集团化学试剂有限公司
泡沫镍	Ni		长沙力元金属有限公司

表 5-2 主要实验设备

设备名称	型号	厂家信息
电子天平	ME104	梅特勒-托利多
恒温油浴锅	DS-10S	河南巩义予华仪器有限责任公司
高速离心机	TG1650-WS	上海卢湘仪离心机仪器有限公司
超声波清洗机	QC3120	昆山禾创超声仪器有限公司
冷冻干燥机	FD-1A-50	北京博医康实验仪器有限公司
真空干燥箱		上海一恒科学仪器有限公司
电化学工作站	CHI660E	上海辰华仪器有限公司

2. 材料的制备

本实验过程主要分为三部分：α-Co（OH）$_2$ 纳米片的制备；初始 Co$_3$O$_4$ 纳米片的制备和含不同氧空位浓度的 Co$_3$O$_4$ 纳米片的制备。下面我们将具体叙述这些实验过程。

（1）二维 α-Co（OH）$_2$ 纳米片的制备

取 15 mL 去离子水和 105 mL 乙二醇混合搅拌形成均相溶液，称取 5 mmol Co（NO$_3$）$_2$·6H$_2$O 和 20 mmol 的尿素，加入上述混合溶液并强力搅拌 30 min，使之形成均匀的玫瑰红溶液。接着，将混合溶液转移到 250 mL 的三口烧瓶中，中间口接冷凝管，左侧口接温度计，右侧口用瓶塞塞住，放在 80 ℃油浴锅中反应 12 h。反应完成后，将产物离心，用水和乙醇分别洗涤三次，最后再用水洗一次，放入冷冻干燥机中干燥 48 h。干燥后得到绿色产物 α-Co（OH）$_2$ 纳米片，收集备用。

（2）原始 Co$_3$O$_4$ 纳米片的制备

将上述过程制备的 α-Co（OH）$_2$ 纳米片放在管式炉中煅烧，空气气氛下 300 ℃煅烧 2 h，得到灰黑色的 Co$_3$O$_4$ 纳米片。

（3）不同氧空位含量的 Co$_3$O$_4$ 纳米片的制备

第二步得到的原始 Co$_3$O$_4$ 纳米片，分别经过两种还原处理方式，制备不同氧空位含量的 Co$_3$O$_4$ 纳米片。第一种还原方式是通过 5% 的 H$_2$-N$_2$ 混合气在 200 ℃下还原 1 h，得到的样品命名为 H200-Co$_3$O$_4$ 纳米片。第二种处理方式是室温下在 1 mol/L NaBH$_4$ 溶液中还原 1 h，得到的样品命名为 OVR-Co$_3$O$_4$ 纳米片。

3. 材料的表征

采用场发射扫描电镜（FESEM，HITACHI，S-4800）和透射电子显微镜（TEM，JEOL，JEM-1101）和高分辨透射电镜（HRTEM，JEOL，JEM-2100）观察材料的形貌。采用粉末 X 射线衍射仪（XRD，Bruker，D8 ADVANCE，Co Kα radiation of 1.7902Å）对材料的晶体结构进行表征。采用 Micromeritics ASAP 2020 吸附仪进行氮气吸脱附测试，并利用 BET 和 BJH 方法计算材料的比表面积和孔分布情况。利用 X 射线电子能谱仪（XPS，U1VAC-PHI，PHI 5000 Versa Probe）对样品的元素组成和价态进行分析。利用拉曼光谱仪（Raman）来测试样品的拉曼光谱，激光波长为 532 nm。使用化学吸附仪（TP-5080）来测试样品的程序升温氢气脱附曲线（H$_2$-TPR）。利用四探针测试仪（SMU，Keithley 6430）来测试样品的导电性。

4. 超级电容器性能测试

上述方法得到的三组不同氧空位浓度的样品，分别用于超级电容器电极材料的性能测试。电极的制备过程大致如下：将活性材料、乙炔黑和粘结剂（5wt.% PTFE）按照质量比为

8：1：1进行混合，并加入适量乙醇，超声12 h使其形成均匀的糊状浆料。集流体采用规格为1 cm×1 cm的泡沫镍金属，使用前分别用丙酮、稀盐酸和乙醇超声处理10 min，晾干称重后将浆料均匀地涂布在泡沫镍上，涂布完成后放入60 ℃真空干燥箱中干燥12 h，然后放在压片机上用10 MPa压力压制2 min，制备成测试用的电极片，电极片的厚度约为0.11 mm。活性物质的负载量约为1.6 mg/cm²。

电化学测试过程采用三电极体系，电解质为6 mol/LKOH，涂有活性物质的泡沫镍为工作电极，汞/氧化汞电极为参比电极，铂丝电极为对电极。循环伏安曲线（CV）的测试电压范围0 ~ 0.55 V，扫描速度分别为5 mV/s，10 mV/s，20 mV/s，50 mV/s和100 mV/s。恒电流充放电曲线（CP）的测试电压为0 ~ 0.41 V，电流密度分别为1 A/g，2 A/g，4 A/g，8 A/g，16 A/g和32 A/g。交流阻抗曲线（EIS）的测试频率范围为0.01Hz ~ 100kHz，振幅电压为5 mV。以上的所有测试都是在上海辰化CHI660E电化学工作站上完成的。

根据恒流充放电曲线（GCD）计算比容量（C_m）可根据如下公式计算：

$$C_m = \frac{I}{m} \times \frac{\Delta t}{\Delta V}$$

其中I表示电流大小，单位为安培（A）；m为活性物质的质量，单位为克（g）；Δt表示放电时间，单位为秒（s）；ΔV为充放电电压窗口，单位为伏特（V）。

根据循环伏安曲线（CV）计算比容量（C_m）可根据公式计算：

$$C_m = \frac{S}{2 \times m \times \Delta V \times v}$$

其中S代表循环伏安曲线的绝对积分面积，m代表活性物质质量，单位为克（g）；ΔV为扫描电电压范围，单位为伏特（V）；v代表扫描速度，单位为伏特每秒（V/s）。

（三）结果与讨论

1. 材料的结构表征

制备的 α-Co（OH）₂纳米片材料的形貌表征显示，制备的样品都是形貌均匀的二维片状结构，纳米片的边缘都呈现部分卷曲，这是由于纳米片比较薄，表面能较大，因而自发地卷曲以达到稳定的状态，这在二维材料中也是一个较为常见的现象。纳米片相互交联在一起形成多孔疏松的结构，且厚度在10 nm以内。利用透射电镜可以清晰地看到相互连接的纳米片状结构，而放大的透射电镜中，纳米片几乎呈透明状，且厚度大约为几个纳米。

从 α-Co（OH）₂纳米片在空气中的热重分析中我们可以看到，样品在室温到200 ℃之间为样品脱出吸附水的过程，200 ~ 300 ℃为样品从 α-Co（OH）₂转化为Co₃O₄的过程，300 ℃

以后质量变化不大，说明在 300 ℃时这种转化已经基本完成。因此，我们后续选择的煅烧温度为 300 ℃来制备相应的氧化物。

为了确定气相中氢气还原 Co_3O_4 增加氧空位浓度的条件，我们使用程序升温还原法（H_2-TPR）对我们得到的 Co_3O_4 进行分析，可以看到有三个清晰的峰，其中在 200 ~ 290 ℃的峰对应着四氧化三钴表面的钴离子被还原成二价钴离子，300 ~ 400 ℃的峰对应着材料体相中的三价钴到二价钴的转变，而 400 ~ 460 ℃的峰对应着二价钴离子到金属态钴的转变。考虑到 H_2-TPR 是动态还原过程，而实际的还原过程需要在一定的温度下保温一段时间，同时还要保证 Co_3O_4 的表面产生氧空位而其结构不被破坏，所以我们选择了 200 ℃，250 ℃和 300 ℃三个温度点来对 Co_3O_4 进行还原。在这三个温度点下还原得到的样品的物相结构的 XRD 中可以看出，200 ℃还原的样品仍为尖晶石结构的 Co_3O_4（JPCDS：42-1467），而 250 ℃还原后的产物就变成了 CoO 的物相，进一步提高还原温度至 300 ℃则可以得到金属态的钴单质。所以，我们把还原温度确定在 200 ℃。

对得到的初始 Co_3O_4 纳米片，经过缺陷工程改造后的样品进行了详细的表征。初始 Co_3O_4、H200-Co_3O_4 和 OVR-Co_3O_4 NSs 的扫面电镜中展示，初始 Co_3O_4 纳米片表面对于其氢氧化物前驱体变得较为粗糙，并有孔的出现，这是由于氢氧化物在高温分解的时候，脱水以及部分碳酸根的分解造成的。更有意思的是，这三个样品的形貌几乎保持一致，没有显著的差异。OVR-Co_3O_4 纳米片是有许多相互连接的细小纳米颗粒，在平面维度所组成的。这种独特的结构更利于电解质的传递和电子 / 离子的传输。高分辨透射电镜中可以清晰观察到一组晶格条纹，通过测量发现，条纹间距为 0.28 nm，对应着尖晶石结构 Co_3O_4 的（220）晶面。选区电子衍射分析结果展示了五个衍射环，通过分析我们发现其分别归属于 Co_3O_4 的（220）（311）（422）（511）和（440）晶面，这也与后面的 XRD 的结果相吻合。这三组样品的 XRD 很显然说明了，分析的特征衍射峰都对应于典型的尖晶石结构 Co_3O_4（JCPDS 42-1467），并无其他的杂峰出现。这三组样品的氮气吸脱附曲线几乎重合。通过 BET 计算得到的比表面数据也显示，初始 Co_3O_4、H200-Co_3O_4 和 OVR-Co_3O_4 NSs 的比表面分别是 93 m^2/g、92 m^2/g 和 95 m^2/g，相差不大。综合上述几种表征方法的结果我们得知：初始 Co_3O_4、H200-Co_3O_4 和 OVR-Co_3O_4 NSs 拥有几乎相同的表面形貌和晶体结构，无论是气相还原还是液相还原，并没有对材料的结构产生重大的影响。

2.Co_3O_4 纳米片氧空位含量的表征

为了探索氧空位含量与超级电容器容量之间的关系，我们分别通过气相氢气还原和液相硼氢化钠室温还原，制备了不同氧空位浓度的 Co_3O_4 纳米片。上述的结构表征手段，并不能检测材料表面缺陷的存在和金属离子价态的变化，所以，这里我们采用了拉曼光谱仪（Raman）和 X 射线电子能谱仪（XPS）来研究二维 Co_3O_4 纳米片表面氧空位的情况。

三组样品经拉曼光谱仪分析，黑色初始 Co_3O_4 样品的呈现出五个特征峰，分别位于 $194\,cm^{-1}$，$480\,cm^{-1}$，$521\,cm^{-1}$，$615\,cm^{-1}$ 和 $688\,cm^{-1}$ 波数，其分别对应着 Co_3O_4 的 F_{2g}，E_g，F_{2g}，F_{2g} 和 A_{1g}。与初始 Co_3O_4 的拉曼结果相比，$H200-Co_3O_4$ 和 $OVR-Co_3O_4$ 纳米片的拉曼结果变得相对较宽，且主峰的位置分别蓝移了 $4\,cm^{-1}$ 和 $7\,cm^{-1}$ 波数。一般认为这种变化是由于增加的氧空位，对结构的破坏而导致的。

这三组样品的 Co 2p 利用 X 射线电子能谱仪揭示了，两个分别位于 796 eV 和 780 eV 的主峰，对应着 Co 2p1/2 和 Co 2p3/2。Co 2p 轨道谱拟合结果说明了 Co_3O_4 中存在着两种 Co 的物种，包括结合能在 781.0 eV 和 796.3 eV 的二价钴和结合能在 794.8 eV 和 779.6 eV 的三价钴。通过拟合结果计算得到这三个样品的 Co^{2+}/Co^{3+} 比值，分别为 1.07，1.45 和 1.70。通过 O 1s 的 XPS 分析结果，我们发现其峰的形状不对称且较宽，这说明这三个样品的氧的环境较为丰富。根据报道，我们将 O 1s 分峰位置分为 532.4 eV，531.1 eV，530 eV，529.6 eV 的四个峰，其分别代表着吸附水（O_w）、氧空位临近的氧（O_v）、羟基中的氧（O_{OH}）和晶格氧（O_L）。通过分峰的面积计算可以得到三个样品的氧空位浓度。我们发现，初始的 Co_3O_4 纳米片就含有 26% 的氧空位，在 5% 氢气 / 氮气混合气的气氛下、200 ℃ 的条件下还原 1 h 后，样品表面的氧空位浓度上升至 34%；而在 1 mol/L $NaBH_4$ 溶液中室温还原 1 h 后，其表面氧空位浓度高达 45%。这个结果也跟拉曼光谱数据和 Co^{2+}/Co^{3+} 比值相对应。通过材料氧空位的表征结果可知，我们成功地用不同的还原处理方法，得到不同氧空位含量的 Co_3O_4 纳米片。

3. 不同氧空位浓度的 Co_3O_4 的超级电容器性能

从这三组样品在扫速为 5 mV/s，10 mV/s，20 mV/s，50 mV/s 和 100 mV/s 条件下的循环扫描伏安结果中，我们可知三个样品的电流密度随着扫描速度的增加而增大，但只有 $OVR-Co_3O_4$ 纳米片为电极的 CV 曲线的形状仍能保持，这说明其具有较好的倍率性能。此外，正向扫描和反向扫描所对应的曲线并不完全对称，这是由于法拉第反应过程中，极化和欧姆电阻带来的影响。这三组样品在放电电流分别为 1 A/g，2 A/g，4 A/g，8 A/g，16 A/g 和 32 A/g 条件下的恒流放电曲线显示，恒电流放电曲线在 0.15 ~ 0.25 V 电压范围内出现了放电平台，表明了样品的赝电容特性。

在扫速为 5 mV/s 时，三个样品的循环伏安结果表明，在电压窗口为 0 ~ 0.55 V（vs.Hg/HgO）范围内，出现了明显异于双电层特性的氧化还原峰，这也清楚地说明了材料的赝电容特性。而且，CV 曲线所包含的面积大小的顺序为：$OVR-Co_3O_4>H200-Co_3O_4>pristine-Co_3O_4$。其对应的法拉第反应为：

$$Co_3O_4 + OH^- + H_2O \rightarrow 3CoOOH + e^-$$

$$CoOOH + OH^- \rightarrow CoO_2 + H_2O + e^-$$

　　这说明更高的氧空位含量带来更高的比电容。三个样品在电流密度为 1 A/g 时的恒流充放电结果中，通过计算可知，它们的库伦效率均接近 100%。不同的电流密度下，随着氧空位浓度的增加，其比电容均有所增大。尤其是 OVR-Co$_3$O$_4$，其在电流密度分别为 1 A/g，2 A/g，4 A/g，8 A/g，16 A/g 和 32 A/g 的比电容，分别高达 2 195 F/g，2 039 F/g，1 990 F/g，1 834 F/g，1 639 F/g 和 1 591 F/g。我们比较了电流密度为 1 A/g 的三个样品的比电容，OVR-Co$_3$O$_4$ 的容量分别是 H200-Co$_3$O$_4$ 和 pristine-Co$_3$O$_4$ 的 2.6 和 3.6 倍，并且比目前报道的大多数电容值都要高。着眼于超级电容器的实际应用方面，其体积比容量也是一个重要的参数。OVR-Co$_3$O$_4$ 在 1.6 mA/cm^2 的电流密度下的体积比电容为 319.3 F/cm^3，比相关四氧化三钴/硫化钴基的材料都要高，再一次展现了具有高氧空位浓度的 Co$_3$O$_4$ 纳米片作为赝电容超级电容器电极材料的优势。

　　我们认为，比容量的提升主要得益于氧空位浓度增加所带来的两个影响：首先，氧空位浓度的增加必然伴随着 Co^{2+} 离子含量的升高（这一点我们在 XPS 结果中得到证实），从而使电极材料的理论容量升高（CoO 的理论比容量高达 4 292 F/g）；第二，氧空位浓度的增加也使得材料的导电性得到提升。通过四电极探针法我们测得 OVR-Co$_3$O$_4$ 和 pristine-Co$_3$O$_4$ 的导电率分别为：7.30 × 10^{-3} S/m 和 2.87 × 10^{-3} S/m，OVR-Co$_3$O$_4$ 的导电率提升了一个数量级，这将会促进电极表面氧化还原反应过程中电子和离子的快速传输。所以，对于电流密度从 1 A/g 增加到 32 A/g 时，OVR-Co$_3$O$_4$ 和 pristine-Co$_3$O$_4$ 电极的容量分别可以保留 72.5% 和 68%。为了进一步说明氧空位浓度的增加对倍率性能的影响，我们还通过循环伏安曲线，计算了这三种材料在不同扫描速度下的比容量。从结果中我们可以看到，三种材料的比容量都随着扫描速度的增加而减小。在 5 mV/s 和 100 mV/s 两个极端扫速下，OVR-Co$_3$O$_4$ NSs，H200-Co$_3$O$_4$ NSs 和 pristine-Co$_3$O$_4$ NSs 的比电容分别为 1 912 F/g，757 F/g，542 F/g 和 1 206 F/g，391 F/g，214 F/g。其比容量保持率分别为 64%，52% 和 40%，可以看出，氧空位浓度越高，其倍率性能越好，这也与通过恒电流充放电计算的结果相吻合。

　　OVR-Co$_3$O$_4$，H200-Co$_3$O$_4$ 和 pristine-Co$_3$O$_4$ 的交流阻抗分析结果显示，谱图与 X 轴的交点代表了整个电路的串联电阻（Rs），我们可以看到，OVR-Co$_3$O$_4$ 的 Rs 为 0.156 Ω，低于 H200-Co$_3$O$_4$ 的 0.278 Ω 和 pristine-Co$_3$O$_4$ 的 0.359 Ω。而阻抗谱半圆部分的直径则代表了电荷转移电阻（R$_{ct}$），显然地，OVR-Co$_3$O$_4$ 的 R$_{ct}$ 不但低于 H200-Co$_3$O$_4$ 和 pristine-Co$_3$O$_4$，而且还低于很多报道的数值。这个表征说明 Co$_3$O$_4$ 中引入氧空位可以降低材料的电阻。在 2 A/g 的电流密度下，对 pristine-Co$_3$O$_4$ 和 OVR-Co$_3$O$_4$ 的循环稳定性进行了评价，结果显示，经过 3000 次

循环后，pristine-Co_3O_4 和 OVR-Co_3O_4 的容量保持率分别还有 90% 和 95%，OVR-Co_3O_4 展示了更为优良的稳定性。我们认为造成这种现象的原因，可能是因为氧空位的增加，使其导电性得到改善，从而提高了在充放电过程中氧化还原反应的可逆性，从而减缓了材料的钝化和失活。通过与已报道的结果进行比较，我们制备的含有 45% 氧空位的 Co_3O_4 纳米片的超级电容器性能，可媲美已报道的最好的 Co_3O_4 基材料的性能。

4.CoO 纳米片的超级电容器性能研究

针对我们探索制备氢气气氛还原 Co_3O_4 增加氧空位的策略中，得到氧化亚钴和金属钴纳米片，我们也研究了它们的电化学性能。从这三个样品在扫速为 5 mV/s 下的循环伏安曲线可以看出，三个样品在电压窗口为 0 ~ 0.55 V（vs.Hg/HgO）范围内，均出现了明显异于双电层特性的氧化还原峰，其中 H250-CoO 样品出现了可以分辨的多重氧化还原峰，这是因为该样品中均是二价钴，其氧化还原反应涉及 Co（Ⅱ）↔（Ⅲ）↔ Co（Ⅳ）过程；然而，H200-Co_3O_4 样品中二价钴含量，明显低于 H250-CoO，故而其氧化还原峰虽然也有两个，但不如 H250-CoO 那么明显。对于 H300-CoO，其 CV 形状明显异于前面两个样品，但也有氧化还原峰的出现，我们认为这个峰的出现，可能是纳米结构的金属钴在空气以及测试环境中被部分氧化造成的。但通过观察我们可以看到，三者的 CV 曲线面积大小为：H250-CoO>H200-Co_3O_4>H300-Co，这说明 CoO 具有更高的比电容。在电流密度为 1 A/g 的放电条件下，H250-CoO 的比电容为 1 019.5 F/g，高于 H200-Co_3O_4 的 847 F/g 和 H300-Co 的 439 F/g。从倍率性能可以看到，三者都有着良好的表现。

将我们的结果与部分数据比较后可知，我们制备得到的 H250-CoO 具有较高的比容量，虽然没有 CoO 与其他材料的复合结构的比电容高，但是与目前各种形态单一的 CoO 相比，H250-CoO 的比容量是比较高的。

三、富含氧空位的二维 $NiCo_2O_4$ 纳米片材料用于超级电容器研究

（一）研究背景

混合过渡金属氧化物具有复杂的组成、离子间的协同作用、以及阳离子丰富的价态等特点，因而对于单一金属氧化物而言，混合过渡金属氧化物具有更高的导电性和更优异的结构稳定性，广泛应用于能源存储与转化等领域中。其中，钴酸镍（$NiCo_2O_4$），因具有较高的容量，较好的倍率性能，丰富的电化学活性位点而且价格低廉、环境友好，储量丰富等特点，广泛应用于超级电容器电极材料。

在混合过渡金属氧化物种引入氧空位在电化学领域中具有重要的应用。对于超级电容器而

言，其可以提高材料的比容量、倍率性能以及循环稳定性；而对于电催化析氧反应而言，氧空位浓度增加电催化剂的活性位点以及对水分子的吸附，从而提升材料的电化学活性。通过PVP的调控制备了一种多级孔结构的$NiCo_2O_4$纳米材料，孔的尺寸分别为5 nm和25 nm。与传统的花状介孔$NiCo_2O_4$纳米材料相比，笔者将这种独特结构的纳米材料用于超级电容器电极材料时，展现出了优异的电化学性能。在2 A/g时的容量高达1 619.1 F/g。当电流密度增加到10 A/g时比容量仍有571.4 F/g。在6 A/g的电流密度下循环1 000次后，容量并没有明显的衰减。

传统的构造氧空位的方法多涉及高温条件下，在还原性气氛或惰性气氛中煅烧，不环保且成本较高。在本部分工作中，我们采用乙二醇作为溶剂和结构导向剂，通过水热以及随后的煅烧处理，制备了厚度仅20 nm左右的$NiCo_2O_4$纳米片状材料。再通过液相缺陷工程在其表面创造更多的氧空位，对$NiCo_2O_4$纳米材料的电子结构进行调控，进而提升材料在超级电容器的应用。

（二）实验部分

1. 实验试剂与设备

表5-3 主要实验试剂与材料

原料名称	分子式	级别	厂家信息
六水合硝酸钴	$Co(NO_3)_2 \cdot 6H_2O$	分析纯	国药集团化学试剂有限公司
六水合硝酸镍	$Ni(NO_3)_2 \cdot 6H_2O$	分析纯	国药集团化学试剂有限公司
乙二醇	$(CH_2OH)_2$	分析纯	国药集团化学试剂有限公司
六亚甲基四胺	$C_6H_{12}N_4$	分析纯	国药集团化学试剂有限公司
无水乙醇	C_2H_5OH	分析纯	国药集团化学试剂有限公司
硼氢化钠	$NaBH_4$	分析纯	国药集团化学试剂有限公司
丙酮	CH_3COCH_3	分析纯	国药集团化学试剂有限公司
盐酸	HCl	分析纯	国药集团化学试剂有限公司
氢氧化钾	KOH	分析纯	国药集团化学试剂有限公司
乙炔黑	C	分析纯	国药集团化学试剂有限公司
粘结剂	$-(CF_2-CF_2)_n-$	分析纯	国药集团化学试剂有限公司
泡沫镍	Ni		长沙力元金属有限公司

表5-4 主要实验设备

设备名称	型号	厂家信息
电子天平	ME104	梅特勒–托利多
恒温油浴锅	DS–10S	河南巩义予华仪器有限责任公司
高速离心机	TG1650–WS	上海卢湘仪离心机仪器有限公司
超声波清洗机	QC3120	昆山禾创超声仪器有限公司
冷冻干燥机	FD–1A–50	北京博医康实验仪器有限公司
真空干燥箱		上海一恒科学仪器有限公司
电化学工作站	CHI660E	上海辰华仪器有限公司

2. 材料的制备

本实验过程主要分为三个部分：二维NiCo-LDH纳米片的制备、初始$NiCo_2O_4$纳米片的制备以及富氧空位浓度的 $NiCo_2O_4$ 纳米片的制备。下面我们将具体描述这些实验过程。

（1）二维 NiCo-LDH 纳米片的制备

取 15 mL 去离子水和 105 mL 乙二醇混合搅拌形成均相溶液，称取 0.3842 g Co(NO_3)$_2$·6H_2O，0.1919 g Ni（NO_3）$_2$·6H_2O 和 1.1214 g 的六亚甲基四胺加入上述混合溶液，并强力搅拌 30 min 使之形成均匀溶液。接着，将形成的混合溶液转移到 50 mL 的聚四氟乙烯反应釜中，密封后放在 120 ℃烘箱中反应若干个小时。反应完成后的步骤与 α–Co（OH）$_2$ 纳米片制备一致。干燥后即得到 NiCo-LDH 纳米片。

（2）初始 $NiCo_2O_4$ 纳米片的制备

初始 $NiCo_2O_4$ 纳米片的制备与"原始 Co_3O_4 纳米片的制备"方法一致，得到灰黑色的 $NiCo_2O_4$ 纳米片。

（3）富氧空位含量的 $NiCo_2O_4$ 纳米片的制备

称取 0.5 g 上述过程中得到的初始 $NiCo_2O_4$ 纳米片，将其在室温下浸泡在 100 mL 1mol/L $NaBH_4$ 溶液中还原 1 h，反应结束后过滤洗涤干燥，得到的样品命名为 r–$NiCo_2O_4$ 纳米片。

（4）无规则 $NiCo_2O_4$ 纳米颗粒的制备

如（1）中所示的流程，将溶剂转换成去离子水，反应时间延长至 12 h。

3. 材料的表征

所用的场发射扫描电镜、透射电子显微镜和高分辨透射电镜、粉末 X 射线衍射仪、吸附仪及 BET、BJH 计算方法和 X 射线电子能谱仪，都与富含氧空位的二维 Co_3O_4 纳米片制备的仪器、型号及方法一致。

4. 超级电容器性能测试

将上述方法得到的不同氧空位浓度的样品，使用与测试 Co_3O_4 纳米片的超级电容器电极材料性能一样的方法进行测试，恒流充放电曲线（GCD）计算比容量（C_m）公式也是同样的。

（三）结果与讨论

1. 材料的结构表征

为了确定高效快速制备二维 NiCo-LDH 纳米片状材料的条件，我们探索了不同的反应时间。在反应时间分别为 1 h，2 h，4 h 和 6 h 下，得到的样品的扫描电镜结果中我们可以看到，在反应时间低于或者等于 4 h 的时候，得到的样品均为尺寸均一的二维纳米片状结构，但是当反应时间增加至 6 h 后，虽然仍然有片状结构的存在，但同时也出现了很多纳米棒状结构，这说明长时间的反应过程并不利于纳米片的生长。通过实验我们还发现，在低于 4 h 的反应时间里，产物的产量随着反应时间的延长而增加，故而我们把反应时间确定为 4 h。

确定好反应时间以后，我们对得到的该条件下的样品进行了一系列的表征。通过 NiCo-LDH 材料的透射电镜测试可以看到，所得到的样品的形貌非常均匀，看不到其他形状样品的存在。80 kV 加速电压的条件下单层纳米片几乎是透明的，说明我们得到的纳米片非常薄。同时还可以看到，所得到的纳米片并没有二维材料常见的严重堆叠现象。

为了制备二维 $NiCo_2O_4$ 纳米片材料，我们需要对所得到的二维 NiCo-LDH 纳米片进行煅烧处理。为了确定煅烧温度，我们研究了 NiCo-LDH 在空气气氛中的受热分分解过程。通过 NiCo-LDH 的热重分析，可以把 NiCo-LDH 受热分解过程分为三个阶段。室温到 100 ℃左右的过程是材料表面吸附水的蒸发流失；100 ～ 240 ℃左右的过程应为 LDH 层板间水分子的蒸发流失，而 240 ～ 300 ℃左右的温度区间内，材料的质量大幅度降低，这对应着 NiCo-LDH 的分解并转变为相对应的金属氧化物。所以我们确定的煅烧条件为空气气氛下 300 ℃。

我们对得到的氧化物材料进行了一系列物相和形貌的表征，经过样品的 XRD 结果对比分析，其衍射峰与 JCPDS：20-0781 的尖晶石结构 $NiCo_2O_4$ 完全吻合，即证明我们得到的确实是 $NiCo_2O_4$ 材料。从还原后的 $NiCo_2O_4$ 高分辨透射电镜测试中我们可以看到，煅烧后样品仍呈现二维片状结构，但不同于煅烧前的 NiCo-LDH 的是，氧化物纳米片中形成了大量的介孔结构，我们认为这些介孔是由氢氧化物在受热分解过程中形成的。从高分辨电镜结果可以看到，其中有明显的晶格条纹，且其间距分别为 0.206 nm，0.234 nm 和 0.285 nm，经过分析，这些晶格条纹分别对应着 $NiCo_2O_4$ 晶体的（400）（222）和（220）晶面。选区电子衍射测试中可以看到，还原后的 $NiCo_2O_4$ 纳米片呈现出多晶的特性，而且其尖晶石结构仍然得以保存。在后续的电化学测试中，由于介孔结构的存在将利于电解质的渗透和传输，进而利于提高电化学活性。

为了进一步提高 $NiCo_2O_4$ 纳米片在超级电容器材料中的应用，我们还对二维 $NiCo_2O_4$ 纳米片的表面进行了缺陷工程改造，即通过还原的手段增加 $NiCo_2O_4$ 材料表面的氧空位浓度，通过提高材料的导电性、低价金属离子含量以及电化学活性位点，进而提高了材料在这两个方面的性能。使用硼氢化钠溶液还原后样品的衍射峰与还原之前并没有明显变化，这说明氧空位只存在于材料的表面，还原处理并没有破坏材料的尖晶石结构。

通过扫描电镜和透射电镜测试还原后的样品，发现还原后的样品仍为二维纳米片状结构，与还原前的并无特别明显的差别。我们还对还原前后的 $NiCo_2O_4$ 比表面进行了分析，两种样品的氮气吸脱附曲线，均为典型的 IV 性曲线并伴随着明显的回滞环。通过 BET 分析得到两者的比表面积分别为 124 m^2/g 和 130 m^2/g，并没有显著的差别。以上的表征结构说明，室温液相硼氢化钠还原处理，并不会对材料的结构和形貌造成显著的影响，二维纳米片的结构能够得到保持。

这三种样品的拉曼测试显示，183，463，501 和 643 波数处的振动峰分别对应着 $NiCo_2O_4$

中的 F_{2g}，E_g，F_{2g} 和 A_{1g} 振动模式。在初始的 $NiCo_2O_4$ 纳米片样品中，这四个峰变得弱化而且不对称，这说明有部分氧空位存在于样品之中。这种现象在还原后的 $NiCo_2O_4$ 纳米片中更为明显，说明还原处理进一步增加了氧空位的数量。这三种样品的 Ni 2p XPS 结果显示，结合能位于 854.7 eV 和 872.5 eV 处的信号对应于 Ni^{2+}，另外两个位于 856.4 eV 和 874.2 eV 的信号则源于 Ni^{3+}。通过计算我们发现，还原后的 $NiCo_2O_4$ 纳米片的 Ni^{2+}/Ni^{3+} 相对比例为 1.61，高于初始状态的 $NiCo_2O_4$ 纳米颗粒的 1.16 和初始状态的 $NiCo_2O_4$ 纳米片的 1.32。同样地，对于这三个样品的 Co 2p 的 XPS 精细谱分析可以发现，结合能在 781.0 eV 和 796.8 eV 的信号归因于 Co^{2+}，而 779.6 eV 和 794.9 eV 的信号则源于 Co^{3+}，$NiCo_2O_4$ 纳米颗粒，$NiCo_2O_4$ 纳米片和还原后的 $NiCo_2O_4$ 纳米片中的 Co^{2+}/Co^{3+} 相对含量分别为 0.90，1.07 和 1.23。更多的低价金属离子的存在意味着有更多的氧空位存在。为了进一步计算还原处理对材料表面氧空位浓度的影响，我们还表征了这三个样品的 O 1s XPS 谱，我们发现了与"Co_3O_4 纳米片氧空位含量的表征"中一样的结果。经过对氧物种分峰面积的分析计算发现，初始 $NiCo_2O_4$ 纳米颗粒氧空位的相对含量为 14.3%，初始 $NiCo_2O_4$ 纳米片氧空位的相对含量为 20.6%，经过还原处理后的 $NiCo_2O_4$ 纳米片氧空位浓度增加至 26.5%。

虽然我们从拉曼图谱和 XPS 的表征中，能得到丰富的关于氧空位的相关信息，但始终缺乏一种直接的证据来说明氧空位的含量。为此，我们还测试了这三个样品在空气和氮气气氛下的热重曲线。在相同的温度下，根据不同气氛下热重曲线的差异我们可以得到，$NiCo_2O_4$ 纳米颗粒，$NiCo_2O_4$ 纳米片和还原后的 $NiCo_2O_4$ 纳米片中的氧空位的含量分别为 3.28%，0.48% 和 0。这也与拉曼表征和 XPS 表征的结果相吻合。

氧空位的存在会对材料的导电性产生很大的影响。将测试样品放在固定的模具中，加一定的压力将其压实，然后在样品的上下部分，分别用导电性良好的铜柱抵住，通过程序控制，在上下面加上线性变化的电压，然后记录不同电压值下的相应电流，即可得到 I–V 曲线。然后再根据压制的样品直径、厚度等信息，可计算得到样品的导电率。还原前后 $NiCo_2O_4$ 纳米片的导电率测试说明，通过计算可得到还原后的 $NiCo_2O_4$ 纳米片为 1.9 S/m，比初始的 $NiCo_2O_4$ 纳米片高出一个数量级（0.2 S/m）。充分说明了氧空位对样品导电性的巨大贡献。

2. 不同氧空位浓度的 $NiCo_2O_4$ 的超级电容器性能

通过不同氧空位浓度的 $NiCo_2O_4$ 样品，在扫速为 5 mV/s，10 mV/s，20 mV/s，50 mV/s 和 100 mV/s 条件下的循环扫描伏安测试，我们可知，无论氧空位浓度如何，其 CV 曲线都表现出完全不同于碳材料典型的类似矩形的双电层储能机制，显著的氧化还原峰表明其典型的赝电容特性。这两个样品的 CV 曲线的电流密度随着扫描速度的增加而增大。不同的是，在高的扫速下，初始 $NiCo_2O_4$ 的 CV 曲线形状与低扫速下的不同，而富含氧空位的 r-$NiCo_2O_4$ 纳米片作为电极时的 CV 曲线形状仍能保持，这说明氧空位浓度的增加使其具有较好的倍率性能。此外，正向扫描和反向扫描所对应的曲线并不完全对称，这是由于法拉第反应过程中极化和欧姆电阻带来的影响。这两组样品在放电电流分别为 1 A/g, 2 A/g, 5 A/g, 10 A/g 和 20 A/g 条件下的恒流放电曲线。恒电流放电曲线在 0.2 ~ 0.4 V 电压范围内，出现了放电平台，表明了样品的赝电容特性。

这三个样品在扫速为 5 mV/s 时的典型 CV 曲线，显示了 $NiCo_2O_4$ 纳米颗粒样品，初始 $NiCo_2O_4$ 纳米片样品和还原后的 $NiCo_2O_4$ 纳米片样品。通过对比我们可以发现，随着样品氧空位含量的增加，其具有更大的氧化还原电流，而且，曲线所围起来的面积也更大，这说明富含氧空位的 $r-NiCo_2O_4$ 具有更高的容量。更重要的是，$NiCo_2O_4$ 纳米颗粒样品和初始 $NiCo_2O_4$ 纳米片样品的 CV 曲线只有两个宽化的氧化峰，而富含氧空位的 $r-NiCo_2O_4$ 具有三个清晰可辨的氧化峰，这是由于还原处理后在提高氧空位浓度的同时，也提高了低价金属离子的比例，这些增加的低价金属离子也参与了电化学氧化还原过程，所以会出现其特有的氧化还原峰。

这三个样品在电流密度为 $1Ag^{-1}$ 时的恒流充放电曲线，通过计算可知，它们的库伦效率均接近 100%。不同的电流密度下的比容量，随着氧空位浓度的增加，其比电容均有所增大。其中 $NiCo_2O_4$ 纳米颗粒电极的比容量，在电流密度分别为 1 A/g, 2 A/g, 5 A/g, 10 A/g 和 20 A/g 时分别为 504 F/g, 479 F/g, 449 F/g, 403 F/g 和 348 F/g，而初始 $NiCo_2O_4$ 纳米片在相应的电流密度的比电容分别为 859 F/g, 844 F/g, 825 F/g, 779 F/g 和 726 F/g，对于还原后的 $r-NiCo_2O_4$ 纳米片，其容量则可高达 1 980 F/g, 1 968 F/g, 1 946 F/g, 1 897 F/g 和 1 812 F/g。通过计算可以发现，在电流密度为 1 A/g 的样品，还原后的 $r-NiCo_2O_4$ 纳米片的容量是 $NiCo_2O_4$ 纳米颗粒和初始 $NiCo_2O_4$ 纳米片的 3.9 和 2.3 倍。这表明氧空位的存在使得样品中具有更多的低价金属离子，这些低价金属离子的存在，会使电极材料在氧化还原过程中获得更多的电子，从而增加电极材料的比容量。这也与 Co_3O_4 电极材料有类似的规律。从导电率的测试结果我们知道，随着氧空位含量的增加，其导电性有着数量级的飞跃。导电性的提高极大地促进了电化学过程中电子/质子的转移和传输，从而利于倍率性能的提升。通过分析所获得的不同电流密度下的比容量，在电流密度从 1 A/g 增加到 20 A/g 时，$NiCo_2O_4$ 纳米颗粒电极、$NiCo_2O_4$ 纳米片电极和还原后的 $r-NiCo_2O_4$ 纳米片电极的比容量，分别可以保留 69%, 84.6% 和 91.5%。尤其是还原后的 $NiCo_2O_4$ 纳米片材料，其优异的倍率性能明显升高。三个电极的交流阻抗测试中，曲线与 X 轴的交点代着整个电路体系的内阻，通过分析我们得知，$NiCo_2O_4$ 纳米颗粒电极的内阻为 0.53 Ω，而初始 $NiCo_2O_4$ 纳米片电极的内阻为 0.36 Ω，而富含氧空位的 $r-NiCo_2O_4$ 纳米片电极的内阻却低至 0.10 Ω。这也说明氧空位的增加可以有效改善材料的导电性，进而提升材料的电化学性能。同时，其在高频区域内的半圆直径则表示电极的界面转移电阻（R_{et}）。通过分析可知，富含氧空位的 $r-NiCo_2O_4$ 纳米片电极的 R_{et} 仅有 0.25 Ω，分别小于 $NiCo_2O_4$ 纳米颗粒的 0.7 Ω 和初

始 $NiCo_2O_4$ 纳米片的 0.4 Ω。较小的界面转移电阻更利于充放电过程中电荷的输运和传递，进而增加电极材料的倍率性能。在 2 A/g 的电流密度下，对 $NiCo_2O_4$ 纳米颗粒电极、初始 $NiCo_2O_4$ 纳米片电极和富含氧空位的 $r-NiCo_2O_4$ 纳米片电极的循环稳定性进行分析，经过 3000 次循环后，初始 $NiCo_2O_4$ 纳米片电极和富含氧空位的 $r-NiCo_2O_4$ 纳米片电极容量保持率分别为 95% 和 98%，而 $NiCo_2O_4$ 纳米颗粒电极则在 1200 圈的循环后，已经丧失了约一半的容量。这表明富含氧空位的 $r-NiCo_2O_4$ 纳米片电极具有更为优良的稳定性。我们认为造成这种现象可能是因为氧空位的增加，让它的导电性得到改善，进而提高它在充放电过程中，氧化还原反应的可逆性，然后降低了材料的钝化和失活。

第二节 基于金属氧化物基纳米材料的纳米片制备和储能性能改进方案

一、缺陷工程调制的二维 $ZnCo_2O_4$ 纳米片用于超级电容器和析氧反应

（一）研究背景

上述内容我们重点讨论了电子结构对材料的电化学性能的影响，即主要通过引入氧空位来调控材料的导电性和低价金属离子的含量，改善其在超级电容器中的应用。本部分工作中，我们结合材料的结晶性和氧空位两方面，探究改善其电化学性能的可能性。

在电催化过程中，由于过渡金属离子在高电位下的活性并不能长久保持，所以，开发高活性、高稳定性的电极材料，在电化学领域中都具有重要的意义。解决这个问题的主要策略是，如何保证新鲜的活性位点持续地暴露。比如，在酸性体系下研究铱酸锶，用于电催化析氧反应的活性机制后发现，在测试过程中非活性的锶不断溶出，使得材料表面不断有高活性的氧化铱暴露，使得该催化剂在长时间使用的过程中，都具有优异的性能。

众所周知，钴基尖晶石结构材料在用于析氧电催化反应中，真正起催化活性位点的是氧八面体中的三价钴离子，而氧四面体中的二价金属离子，一般认为是 OER 惰性的。而氧的离子半径又远远大于三价钴离子，因此，钴基尖晶石结构 OER 催化剂的催化活性中心，被六个远大于其体积的氧离子紧紧包裹，并不能与电解质充分接触。所以在本部分工作中，我们基于钴基尖晶石结构的特点和催化活性位点信息，设计了一种表面镂空的 $ZnCo_2O_4$ 材料作为 OER 催化剂。设计思想主要有两点：第一，采用表面缺陷工程，除去催化剂表面的部分氧原子，使包裹在氧八面体内部的钴离子更加充分地暴露出来，从而使催化剂具有更多的活性位点；第二，

OER 惰性的 Zn 能在电化学测试过程中不断溶出，使得新鲜的活性位点在测试过程中不断暴露出来，并使催化剂的结构中形成更多的通道，促使电解质进行渗透和传递，从而使催化剂在保证高活性的同时，还能保持较好的稳定性。

（二）实验部分

1. 实验试剂与设备

表 5-5 主要实验试剂与材料

原料名称	分子式	级别	厂家信息
六水合硝酸钴	$Co(NO_3)_2 \cdot 6H_2O$	分析纯	国药集团化学试剂有限公司
六水合硝酸锌	$Zn(NO_3)_2 \cdot 6H_2O$	分析纯	国药集团化学试剂有限公司
乙二醇	$(CH_2OH)_2$	分析纯	国药集团化学试剂有限公司
六亚甲基四胺	$C_6H_{12}N_4$	分析纯	国药集团化学试剂有限公司
无水乙醇	C_2H_5OH	分析纯	国药集团化学试剂有限公司
硼氢化钠	$NaBH_4$	分析纯	国药集团化学试剂有限公司
丙酮	CH_3COCH_3	分析纯	国药集团化学试剂有限公司
盐酸	HCl	分析纯	国药集团化学试剂有限公司
氢氧化钾	KOH	分析纯	国药集团化学试剂有限公司
泡沫镍	Ni		长沙力元金属有限公司

表 5-6 主要实验设备

设备名称	型号	厂家信息
电子天平	ME104	梅特勒－托利多
恒温油浴锅	DS-10S	河南巩义予华仪器有限责任公司
高速离心机	TG1650-WS	上海卢湘仪离心机仪器有限公司
超声波清洗机	QC3120	昆山禾创超声仪器有限公司
冷冻干燥机	FD-1A-50	北京博医康实验仪器有限公司
真空干燥箱		上海一恒科学仪器有限公司
电化学工作站	CHI660E	上海辰华仪器有限公司

2. 材料的制备

本实验过程主要分为三个部分：二维 ZnCo-LDH 纳米片的制备；$ZnCo_2O_4$ 纳米片的制备以及富氧空位浓度的 $ZnCo_2O_4$ 纳米片的制备。下面我们将具体描述这些实验过程。

（1）二维 ZnCo-LDH 纳米片的制备

除了 $Zn(NO_3)_2 \cdot 6H_2O$ 要称取 0.3272 g，其余质量与步骤均与二维 NiCo-LDH 纳米片的制备过程一致。干燥后即得到 ZnCo-LDH 纳米片 / 泡沫镍（ZnCo-LDH NSs/NF）。

（2）初始 $ZnCo_2O_4$ 纳米片 / 泡沫镍的制备（$ZnCo_2O_4$ NSs/NF）

与原始 Co_3O_4 纳米片的制备方法一致，得到灰黑色的 $ZnCo_2O_4$ NSs/NF。

（3）富氧空位含量的 ZnCo$_2$O$_4$ NSs/NF 的制备

与"富氧空位含量的 NiCo$_2$O$_4$ 纳米片的制备"过程一致。

3. 材料的表征

采用的场发射扫描电镜、透射电子显微镜、高分辨透射电镜、粉末 X 射线衍射仪、吸附仪计算方法和 X 射线电子能谱仪都与富含氧空位的二维 Co$_3$O$_4$ 纳米片制备的仪器是一致的。

4. 超级电容器性能测试

将得到的不同氧空位浓度的样品使用 Co$_3$O$_4$ 纳米片电极的制备过程进行测试后，活性物质的负载量约为 1.4 mg/cm^2。电化学测试过程中的规格和恒流充放电曲线（GCD）计算比容量（C_m）计算公式也都与 Co$_3$O$_4$ 纳米片制备时一致。

我们采用两电极体系对组装的不对称电容器进行了测试。不对称电容器的主要组成部分有，正极活性材料（ZnCo$_2$O$_4$ 纳米片）、负极活性材料（商业活性炭）、隔膜以及封装材料。组装的原则为要保证正负极材料存储电荷能力基本一致，即 $m^+ \times C^+ \times \Delta V^+ = m^- \times C^- \times \Delta V^-$，其中 m^+ 和 m^- 分别为正负极活性物质质量，C^+ 和 C^- 分别为正负极材料的比容量，ΔV^+ 和 ΔV^- 为正负极材料在三电极体系下的电位窗口。我们组装的不对称电容器实样，类似于纽扣电池。

对于两电极的不对称电容器，其比容量（C_m）计算公式为：

$$C_m = \frac{I}{m} \times \frac{\Delta t}{\Delta V}$$

其中 I 表示电流大小，单位为安培（A）；m 为正负极活性物质质量的总和，单位为克（g）；Δt 表示放电时间，单位为秒（s）；ΔV 为充放电电压窗口，单位为伏特（V）。

其能量密度（E）计算公式为：

$$E = \frac{1}{2} \times C_m \times \Delta V^2$$

其中 C_m 为不对称电容器的比容量；ΔV 为充放电电位窗口，单位为伏特（V）。

其功率密度（P）计算公式为：

$$P = \frac{E}{\Delta t}$$

其中 E 为能量密度，Δt 表示放电时间。

5.OER 性能测试

催化剂的析氧反应活性采用典型的三电极体系进行测试和评价。原位生长在泡沫镍上的钴酸锌可以直接作为电极进行测试，催化剂的负载量大约为 0.8 mg/cm^2。所使用的电解质为氧气饱和了的 0.1 mol/L KOH 溶液，汞氧化汞电极为参比电极，铂丝电极为对电极。测试之前，首先对工作电极进行活化，即在扫速为 50 mV/s，电压范围为 0 ~ 0.7 V（vs.Hg/HgO）条件下进行循环伏安扫描（CV），直至循环伏安曲线的形状几乎重合为止。通过测量扫速为 5 mV/s，电位范围为 0 ~ 1 V（vs.Hg/HgO）条件下的线性扫描伏安曲线（LSV）得到的极化曲线，评价催化剂过电势的大小；通过测试同样电位范围下但扫速降至 1 mV/s 的极化曲线来得到塔菲尔曲线。电催化剂的双电层容量（C_{dl}）通过循环伏安曲线来获得，选取的扫描电压范围为 l.015 ~ 1.065 V（vs.RHE），扫速分别为 1 mV/s，3 mV/s，5 mV/s，7 mV/s 和 9 mV/s。$C_{dl} = \Delta I / 2v$，其中，ΔI 为充电电流密度和放电电流密度之差（mA/cm²），v 为扫描速度（mV/s）。电催化剂的 TOF 值可通过以下公式计算得到：

$$TOF = (J \times A) / (4 \times F \times n)$$

其中 J 为在过电势为 300 mV 时的电流密度，A 为电极的面积，F 为法拉第常数，n 为电催化剂中总的金属离子摩尔数。电催化剂的稳定性通过计时电位法来评价，电流密度为 20 mA/cm²。极化曲线中的电压都通过能斯特方程转化成相对标准可逆氢电极的电压。能斯特方程为：

$$E_{RHE} = E_{Hg/HgO} + 0.059 pH + E^{\theta}_{Hg/HgO}$$

其中 pH=13。

过电势（η）通过以下公式进行计算：

$$\eta(V) = E_{RHE} - 1.23V$$

所有的极化曲线都已用 95% 的电压补偿。内阻 R 通过电化学阻抗谱来确定。交流阻抗曲线（EIS）的测试频率范围为 0.01 Hz ~ 100 kHz，振幅电压为 5 mV。以上的所有测试都是在上海辰化 CHI660E 电化学工作站上完成的。

（三）结果与讨论

1. 材料的结构表征

我们对上述水热反应制备得到的 ZnCo-LDH 纳米片 / 泡沫镍材料进行了一系列的结构和形貌表征。从泡沫镍上超声下来的 ZnCo-LDH 的透射电镜结果中我们可以看到，我们制备得到的 ZnCo-LDH 为均匀的纳米片状结构，片与片之间有些许堆叠，这也是二维材料常见的一个现象。为了充分利用二维材料的优势，我们对生长在泡沫镍基底上的材料进行性能测试，这样可以有效避免二维结构的堆叠。

为了制备对应的氧化物材料，我们对前驱体的 ZnCo-LDH 材料进行了热重表征，测试条件为空气气氛，温度从室温到 700 ℃，升温速度为 10 ℃/min。与前面的 NiCo-LDH 的热重曲线类似，ZnCo-LDH 材料的热重曲线也主要分为水分的流失和材料从氢氧化物到氧化物的转化两个阶段。300℃ 时样品的质量基本不再变化，因此我们可以认为 300 ℃ 为材料的晶相转变温度，故而后续的煅烧温度也设定在 300 ℃。

ZnCo-LDH 材料在 300 ℃ 下煅烧 5 min，7.5 min，10 min 和 120 min 的 XRD 测试中，我们可以清楚地看到，在煅烧 5 min 后样品即变成了尖晶石结构的 $ZnCo_2O_4$。而且，不同煅烧时间得到的样品的 XRD 图谱并无显著的差异。因此，我们选取一个短时间（5 min）和一个长时间（120 min）的样品进行对比研究。ZnCo-LDH 材料煅烧 5 min 和 120 min 的样品的扫描电镜结果显示，生长在泡沫镍上的样品是形貌非常均一的二维片状阵列结构。由于泡沫镍的锚定作用，纳米片并不会发生显著的团聚堆叠现象。而且片与片直接可以形成丰富的大孔结构，这也非常利于电化学过程中，电解质的传输以及活性材料的利用。初始的 ZnCo-LDH 材料的表面较为光滑，而煅烧 5 min 的 $ZnCo_2O_4$ 纳米片表面与初始氢氧化物较为相似，并无明显的变化。而煅烧 120 min 的 $ZnCo_2O_4$ 纳米片表面可以看到明显的介孔结构。为了进一步提高材料的电化学性能，同样地我们采用硼氢化钠溶液对相应的材料进行了还原处理以增加氧空位。煅烧五分钟的样品还原前后的导电率分别为 $5.32 \times 10^{-4} S/cm$ 和 $1.71 \times 10^{-3} S/cm$，煅烧两个小时的样品还原前后的导电率分别为 $5.98 \times 10^{-6} S/cm$ 和 $5.82 \times 10^{-5} S/cm$。从中我们得到以下结论：第一，短时间煅烧的样品的导电性要远远优于长时间煅烧的样品；第二，无论煅烧时间长短，还原后样品的导电性都得到了改善。我们认为，短时间煅烧导致更加优异的导电性，可能是基于两个方面的因素，一是短时间煅烧的样品依旧是一个整体的片状结构，并没有形成很多的介孔结构，这使得材料中并无太多的界面存在，从而具有优异的导电性。另一个可能的原因是短时间煅烧的材料具有较低的结晶性，晶体结构中具有较少的晶界，因而具有较好的导电性。

表 5-7 不同煅烧时间的样品经过还原处理后的导电率

样品	导电率（S/cm¹）
ZCO-5min	5.32×10^{-4}
R-ZCO-5min	1.71×10^{-3}
ZCO-120min	5.98×10^{-6}
R-ZCO-120min	5.82×10^{-5}

我们针对导电性最好的 R-ZCO-5min 样品进行了进一步的表征。样品的氮气吸脱附曲线，是典型的 IV 型曲线并伴随着明显的回滞环，经过 BET 计算，其比表面积为 $107 m^2/g$。在电化学应用中，比表面积是一个至关重要的参数，高的比表面积可以保证材料暴露更多的活性位点，并使得活性材料与电解质有更充分的接触。相比于报道的 $ZnCo_2O_4$ 纳米片结构材料的比表面积，本实验中得到的数值是较大的。

为了研究硼氢化钠的还原作用，我们还针对 ZCO-5min 和 R-ZCO-5min 样品进行了电子能谱分析（XPS）。样品全谱中均含有 Zn，Co 和 O 三种元素。通过对两种样品的 O 1s 精细谱分峰可以看到，O 1s 谱可以分为结合能分别为 531.3 eV 和 529.4 eV 的两个峰，其分别对应着纳米片表面氧空位邻近的氧原子的信号和金属氧化物中晶格氧的信号。通过对比这两种物质的氧空位的信号峰可以发现，经过硼氢化钠还原之后样品的氧空位信号峰明显变大，这说明液相是温度的还原处理的确可以增加 $ZnCo_2O_4$ 纳米片表面的氧空位浓度。这两组样品的 Co 2p 精细谱揭示了，一般而言，二价钴和三价钴具有相似的 2p 结合能，但是它们的 Co 2p1/2 和 Co 2p3/2 自旋轨道能级差却是不一样的。对于二价钴来说，两者的能级差约为 16 eV，而对于三价钴而言，两者的能级差约为 15 eV。可以看出，还原前样品的 Co 2p1/2 和 Co 2p3/2 自旋轨道能级差为 15.03 eV，这表明还原前的样品中 Co 主要是以三价态的形式存在；还原后样品的能级差增大为 15.32 eV，这说明还原处理使原来的三价钴部分转变为二价钴。这也跟 O 1s 谱的结果相互印证。Zn 2p 的精细谱显示，结合能在 1 020.3 eV 和 1 043.8 eV 的位置处分别代表 Zn 2p3/2 和 Zn 2p1/2 自旋轨道峰。

2. 材料的超级电容器性能表征

我们对制备的含有不同氧空位的不同煅烧时间的样品，作为电极材料的超级电容器性能进行了测试。首先采用了三电极体系对材料进行表征。ZCO-5min，R-ZCO-5min，ZCO-2h 和 R-ZCO-2h 样品在 5 mV/s 的循环扫描分析结果表明，这四组样品的 CV 曲线不同于双电层机制的矩形曲线，均出现氧化还原峰，表现了明显的赝电容特性。而且，CV 曲线围着的面积大小顺序分别为 R-ZCO-5min，R-ZCO-2h，ZCO-5min 以及 ZCO-5min。这说明短时间煅烧的样品具有更高的容量；同样煅烧时间的情况下，含有更高氧空位的样品具有更高的容量。为了探究还原处理对 ZCO-5min 电化学性能的影响，我们专门针对 ZCO-5min 这个样品测试了其在 5 mV/s，10 mV/s，20 mV/s，50 mV/s 和 100 mV/s 扫速下的 CV 曲线。还原前的样品，在低扫速下可以看到一个较大的"鼓包"，但在高扫速下的 CV 曲线有较大的变形和极化。还原后的样品，在低扫速下可以清晰地看到两个独立的氧化峰，这一点与还原前的样品有很大不同，这是由于还原后金属氧化物中出现了部分的二价钴离子。而且在扫速高达 100 mV/s 时的 CV 曲线仍与低扫速下的 CV 曲线有较好的吻合。这也说明还原后样品的导电性提升，从而提高了材料的倍率性能。这四组样品在电流密度为 1 A/g 下的恒电流放电曲线，充放电电位为 0 ~ 0.5 V，得出这四组样品在电位为 0.2 ~ 0.35 V 范围内均出现了明显的放电电压平台，这也再次展示了其赝电容特性。很显然，在电流密度和电位窗口都相同的条件下，R-ZCO-5min 具有最长的放电时间。同时我们还测试了这四组样品在不同的电流密度下的充放电曲线，这些样品都显示出了较为类似的放电平台。我们通过恒流充放电曲线可以计算得到样品的比电容，相关的结果表明在电流密度为 1 A/g, 2 A/g, 4 A/g, 8 A/g, 16 A/g 和 32 A/g 下，R-ZCO-5min 电极的比容量分别为 2 110.6 F/g, 1 980 F/g, 1 780 F/g, 1 609.6 F/g, 1 452.8 F/g 和 1 312 F/g，通过对比不同电极在 1 A/g 下的比容量可以发现，R-ZCO-5min 电极的比容量分别是 ZCO-2h, ZCO-5min 和 R-ZCO-2h 的 2.67, 1.88 和 1.69 倍。电极材料的稳定性是评价其性能的一个重要参数。我们利用计时电位法来表征电极在电流密度为 2 A/g 下的循环稳定性。结果显示，这四组样品在经历 4 000 个循环后容量仍有超过 90% 的保留，展现了优异的稳定性。

除了三电极体系测试外，我们还将在三电极体系中性能最优异的 R-ZCO-5min 样品用于正极材料，与活性炭材料作为负极的电极组装成不对称超级电容器，并进行了性能测试。商业活性炭和 R-ZCO-5min 电极在 6MKOH 电解质中，扫速为 5 mV/s 时的 CV 曲线展示出，商业活性炭的电位窗口为 -1.0 ~ 0 V，而 R-ZCO-5min 电极的工作电位范围为 0 ~ 0.6 V，因此我们可以将商业活性炭作为负极，以 R-ZCO-5min 为正极组成不对称超级电容器，其工作电压可达 1.6 V，可有效提高超级电容器的能量密度。这里需要注意的问题是，要保证不对称电容器正负极存储电荷数量的相等，需要根据正负极活性材料在三电极体系下的比容量进行质量匹配。在本部分工作中，我们所使用的商业活性炭在三电极体系下的电化学性能分析中，活性炭电极在电流密度分别为 1 A/g, 2 A/g, 4 A/g, 8 A/g 和 16 A/g 下的恒流充放电曲线显示，碳材料的充放电曲线不同于赝电容材料中出现的放电平台，是典型的双电层电容特性。在电流密度为 1 A/g 时的比电容为 229 F/g。根据正负极电荷守恒公式我们可以得到，正负极活性材料的质量比为 1 ：4.61。

组装的不对称电容器的电化学性能表征表明，电容器在扫速分别为 5 mV/s, 10 mV/s, 20 mV/s, 50 mV/s 和 100 mV/s 的 CV 曲线，在水系电解质中工作电压达到 1.6 V。而且，在扫速达到 100 mV/s 时，CV 曲线的形状还得到不错的保持，展示出了较好的电容特性。该电容器在电流密度分别为 0.2 A/g, 0.5 A/g, 1 A/g, 2 A/g, 4 A/g 和 8 A/g 下的恒流充放电曲线中，因为有负极的金属氧化物，所以充放电曲线有一段明显的放电平台，体现了明显的赝电容特性。在 0.2 A/g, 0.5 A/g, 1 A/g, 2 A/g, 4 A/g 和 8 A/g 电流密度下比电容分别为 97.4 F/g, 85.6 F/g, 69.6 F/g, 65.1 F/g, 54.3 F/g 和 43 F/g，电流密度增加至 8 A/g 比电容仍有 44% 的保留。该不对称电容器的 Ragone 曲线显示，在 0.16, 0.4, 0.8, 1.6, 3.2 和 6.4kWkg^{-1} 的功率密度下的能量密度分别为 34.6, 30.4, 24.7, 23.1, 19.3 和 15.3Whkg^{-1}。

循环稳定性对于器件化的超级电容器而言，是一个至关重要的参数，直接关系到其实用性。在 2 A/g 的电流密度、充放电电位窗口在 0 ~ 1.6 V 条件下，连续 3 000 次恒电流充放电测试结果表明，在前 600 个循环，比电容数值逐渐增大，在 600 圈左右比电容出现一个极大值，这是由于组装的不对称电容器器件的活化过程需要时间。在经过 3 000 次循环后，比容量尚有 93%

的保持，显示了良好的循环稳定性。

3. 二维 $ZnCo_2O_4$ 纳米片的析氧性能表征

我们采用还原前后的 $ZnCo_2O_4$-5min 样品，研究其电催化析氧反应的效应。相关的电化学测试是在三电极体系中进行的，电解质为氧气饱和的 0.1 mol/L KOH 溶液。还原前后 $ZnCo_2O_4$ 纳米片的极化曲线显示，在电位为 1.25 ～ 1.5 V 之间，富含氧空位的 R-ZCO-5min 催化剂有一个较为显著的氧化峰，这是因为经过还原处理的 $ZnCo_2O_4$ 中二价钴离子含量相应增加，在扫描电位达到一定的范围时，会发生 Co（Ⅱ）→ Co（Ⅲ）→ Co（Ⅳ）的氧化转变，从而形成了一个明显的氧化峰。我们可以看到，在达到电流密度为 $10 \ mA/cm^2$ 的水平时（$10 \ mA/cm^2$ 是太阳光解水在达到 10% 效率时的最小电流密度），ZCO-5min 和 R-ZCO-5min 催化剂所需要的过电势分别为 324 mV 和 427 mV。在过电势为 380 mV 时，富含氧空位的钴酸锌纳米片催化剂所能达到的电流密度为 $39.7 \ mA/cm^2$，是未还原处理样品的 10 倍（$3.8 \ mA/cm^2$）。通过对这两种催化剂的 Tafel 曲线分析可得，两者的 Tafel 曲线斜率分别为 56.9 mV/dec 和 74.4 mV/dec，这说明富含氧空位的钴酸锌纳米片催化剂只需在更低的过电位下，就可以获得更高的电流密度，这对 OER 催化反应来说具有非常重要的意义。这两种催化剂的化学阻抗谱（EIS）显示，曲线与 X 轴的交点代表了整个体系的等效串联电阻（R_s），富含氧空位的 $ZnCo_2O_4$ 纳米片的 R_s 为 5.9 Ω，而初始的 $ZnCo_2O_4$ 的 R_s 为 7.7 Ω；同时，拟合曲线的直径大小反映了电荷转移阻抗谱（R_{ct}），很显然，经过还原处理后的样品因为氧空位浓度的增加导致了导电性的大幅提升，从而也促进了 R_{ct} 从未做处理样品的 43 Ω 降低到 34 Ω，进一步说明了氧空位通过调控催化剂导电性，进而调控催化过程的重要作用。

为了探究氧空位这种结构缺陷对 $ZnCo_2O_4$ 纳米片的催化活性的影响作用，我们通过非法拉第电位区间的低速循环扫描伏安曲线测定了催化剂的双电层容量，进而分析了催化剂的电化学活性比表面。ZCO-5min 和 R-ZCO-5min 两种催化剂在扫描电位为 1.165 ～ 1.215 V，在扫速分别为 1 mV/s，3 mV/s，5 mV/s，7 mV/s 和 9 mV/s 条件下得到了 CV 曲线。通过扫描电位在 1.19 V 时阳极电流和阴极电流之差与扫描速度的关系，我们发现两者的关系基本上呈线性关系，而其斜率即为双电层容量的二倍。通过这样的分析和计算，我们可计算得到 ZCO-5min 和 R-ZCO-5min 两种催化剂的双电层容量分别为 $1.95 \ mF/cm^2$ 和 $10.6 \ mF/cm^2$。由于电化学活性比表面与双电层容量线性相关，因此说明，富含氧空位的钴酸锌催化剂的电化学活性比表面积，比初始的 $ZnCo_2O_4$ 大 4.43 倍。氧空位的存在使埋在氧八面体中的高价钴离子更容易地被暴露出来，增加了 OER 活性位点与电解质的接触，从而使其电化学活性比表面增加。

在实际使用过程中，催化剂的寿命是一个重要的指标。我们采用计时电位法对催化活性最高的 R-ZCO-5min 催化剂进行了评价。在电流密度为 10 mA/cm² 条件下，我们制备得到的催化剂连续测试 33 h 后过电势几乎没有升高，表现出了良好的稳定性。与其他钴基双金属氧化物 OER 催化剂相比，我们的稳定性是比较突出的。造成钴酸锌催化剂优异稳定性的原因是催化剂中的 Zn 离子会在碱性电解质中缓慢析出，从而使新鲜的具有催化活性的钴离子不断被暴露出来，从而持续地维持着催化剂的高活性。测试时间分别为 0 h，6 h，12 h，18 h，24 h 和 30 h 的样品 XPS 元素含量分析结果中，可以看到随着测试时间的不断延长，催化剂中的 Zn 离子不断溶出，所以会造成 Co/Zn 离子的比例逐渐升高。这有力地证实了我们的观点。

二、表面硫化的镍钴层状氢氧化物纳米片用于析氧反应

（一）研究背景

层状双金属氢氧化物（LDH）由于具有独特的层状结构、主层板离子组成的可调性、层间阴离子可交换以及低廉的价格等特点，一直以来被广泛用于电催化析氧反应的电催化研究。一般认为其结构主要由两部分组成：带正电荷的类水镁石结构的主层板和层间起电荷平衡作用的阴离子以及水分子等。其通式可写成：$M^{2+}_{1-x}M^{3+}_x(OH)_2A^{n-}_{x/n} \cdot mH_2O$，其中 M^{2+} 和 M^{3+} 分别代表二价和三价金属离子，A^{n-} 代表层间阴离子。

一系列二维 LDH 被成功合成出来，并被广泛应用于电催化析氧反应中。但是其活性和稳定性还有待提高，主要原因是一般的 LDH 的导电线比较差和结构不稳定。常见的方法是利用 LDH 与导电性良好的物质结合以改善其导电性。近年来，硫化物由于结构稳定、导电性好并且硫的掺入可以有效提高对产物氧气的释放等特点引起了大家的关注。采用硫化的方法在 LDH 的表面原位生长出一层双金属硫化氢氧化物，一方面可以改善材料的导电性，进而提高了催化剂的电催化活性；另一方面，稳定性较好的硫化层可以起到类似"盔甲"的保护层作用，可以显著提高电催化的稳定性。同时，硫元素的掺杂增加了金属 –S 之间化学键的共价性，推进了金属活性位点对反应物的吸附和产物的脱附，而且改良了其对中间产物的结合能，更加利于 OER 反应的顺利进行。

（二）实验部分

1. 实验试剂与设备

表 5-8　主要实验试剂与材料

原料名称	分子式	级别	厂家信息
六水合硝酸钴	$Co(NO_3)_2 \cdot 6H_2O$	分析纯	国药集团化学试剂有限公司
六水合硝酸镍	$Ni(NO_3)_2 \cdot 6H_2O$	分析纯	国药集团化学试剂有限公司
九水合硫化钠	$Na_2S \cdot 9H_2O$	分析纯	凌峰化学试剂有限公司

续 表

原料名称	分子式	级别	厂家信息
乙二醇	$(CH_2OH)_2$	分析纯	国药集团化学试剂有限公司
六亚甲基四胺	$C_6H_{12}N_4$	分析纯	国药集团化学试剂有限公司
无水乙醇	C_2H_5OH	分析纯	国药集团化学试剂有限公司
丙酮	CH_3COCH_3	分析纯	国药集团化学试剂有限公司
盐酸	HCl	分析纯	国药集团化学试剂有限公司
氢氧化钾	KOH	分析纯	国药集团化学试剂有限公司
泡沫镍	Ni		长沙力元金属有限公司

表5-9 主要实验设备

设备名称	型号	厂家信息
电子天平	ME104	梅特勒–托利多
恒温油浴锅	DS–10S	河南巩义予华仪器有限责任公司
高速离心机	TG1650–WS	上海卢湘仪离心机仪器有限公司
超声波清洗机	QC3120	昆山禾创超声仪器有限公司
冷冻干燥机	FD–1A–50	北京博医康实验仪器有限公司
真空干燥箱		上海一恒科学仪器有限公司
电化学工作站	CHI660E	上海辰华仪器有限公司

2. 材料的制备

本实验过程主要分为两个部分：NiCo层状双金属氢氧化物（NiCo-LDH）纳米片的制备及后续的室温硫化，下面我们将具体叙述这些实验过程。

（1）二维NiCo-LDH纳米片/泡沫镍的制备

使用磨具将厚度为1 mm的泡沫镍切割成直径为15 mm的圆片。该泡沫镍先后分别经历丙酮、稀盐酸、去离子水和乙醇的超声清洗，除去表面油垢及可能存在的氧化层，晾干称重后备用。

二维NiCo-LDH纳米片/泡沫镍的制备比二维NiCo-LDH纳米片的制备稍显复杂，在将形成的混合溶液转移到50 mL的聚四氟乙烯反应釜后，需要同时把清洗干净的泡沫镍浸泡在反应釜中，密封后放在120 ℃烘箱中反应4 h。反应完成后，将长满了NiCo-LDH的泡沫镍取出，超声1 min以除去表面疏松的物质，其余的步骤就与二维NiCo-LDH纳米片的制备一样了。最后干燥即得到NiCo-LDH纳米片/泡沫镍。

（2）表面硫化的NiCo双金属层状氢氧化物/泡沫镍的制备

配制0.7 mol/L Na_2S溶液50 ml，室温条件下将上述过程制备的NiCo-LDH纳米片/泡沫镍浸泡其中反应30 s，即得到表面硫化的NiCo双金属层状氢氧化物/泡沫镍（NiCo-LDH@HOS/Ni Foam）。

3. 材料的表征

场发射扫描电镜、透射电子显微镜、高分辨透射电镜、粉末X射线衍射仪、吸附仪、BET

和 BJH 计算方法、X 射线电子能谱仪的使用，都与制备富含氧空位的二维 Co_3O_4 纳米片的仪器一样。利用四探针测试仪（SMU，Keithley 6430）来测试样品的导电性。利用电感耦合等离子体原子发射光谱仪（ICP-AES，Optima 5300DV）测定材料中的元素含量。

4.OER 性能测试

将上述制备得到的样品直接作为工作电极进行测试。活性物质的负载量约为 $0.45\ mg/cm^2$。其余同"$ZnCo_2O_4$ 纳米片"的 OER 性能测试。

能斯特方程为：

$$E_{RHE} = E_{Hg/HgO} + 0.059\,pH + 0.098$$

其中 pH=13。

（三）结果与讨论

1. 材料的结构表征

利用扫描电镜得出制备的二维层状 NiCo 双金属氢氧化物纳米片经过表面硫化后的样品结果，从低倍扫描结果中可以看到，NiCo-LDH 纳米片均匀地生长在泡沫镍的骨架上。即使在超声后产物仍牢牢附着在泡沫镍上。从高倍扫描结果可以看到，制备得到的层状 NiCo 双金属氢氧化物全部为二维纳米片状结构，片的厚度大约在 20 nm 左右，长度大约为 300 nm 左右，形貌非常均一，而且纳米片相互交联，形成了丰富的孔道结构。这些生长在泡沫镍上的纳米片与无基体支撑的纳米片相比，具有更好的分散性，在使用过程中不容易团聚，更利于发挥其二维结构特点的优势。表面硫化 30 s 后的样品经过扫描电镜测试后可以发现，硫化后样品依旧呈现二维片状结构，片的宽约 300 nm，厚度约为 20 nm 左右，纳米片的大小和尺寸并没有明显的变化。这表明，室温快速硫化过程的同时，还能保持二维 NiCo 双金属氢氧化物的形貌。

为了研究室温快速硫化过程对 NiCo 双金属层状材料的结构影响，我们对其进行了 XRD 测试。二维 NiCo 双金属层状氢氧化物硫化前后的 XRD 结果，为了消除泡沫镍基底的影响，我们将活性材料从泡沫镍上强力超声下来，然后再收集进行 XRD 的测试。从中我们可以看到，这两个谱图均出现了层状材料典型的（003）和（006）的特征峰，而且它们的出峰位置几乎一模一样，这说明它们的主体结构相似，并未发生显著变化。然而，对比硫化前后的 XRD 图谱我们发现，硫化后的样品衍射峰强度均比初始状态的样品衍射峰要弱，这也说明室温硫化过程只发生在材料的表面，并未破坏二维 NiCo 双金属层状氢氧化物的典型结构。

表面硫化后的样品 TEM 和 STEM 分析显示，该样品是从泡沫镍上超声下来进行表征的。通过 TEM 和 STEM 结果我们可以清晰地看到相互连接的典型纳米片状结构，而且相貌非常混匀，并没有其他形貌的出现。纳米片非常薄，边缘的单分散纳米片几乎呈透明状。表面硫化后样品的高分辨透射电镜测试后,样品表面被一层厚度约为 5 ~ 6 nm 的无定型硫化层所环绕,而内部结构仍然有明显的结晶相,清晰的晶格条纹间距为 0.266 nm,对应着 NiCo 双金属氢氧化物(012)的晶面。该结果直观地表明了室温硫化过程仅仅是发生在材料的表面。STEM 对应的元素分布也可以看到 Ni,Co,O 和 S 均匀地分散在材料的表面。

为了验证硫化过程顺利与否,我们对硫化前后的样品进行了 XPS 分析。硫化后 NiCo-LDH@HOS 中明显出现了 S 元素的峰,这说明硫化反应的确可以在室温快速地发生。为了测量各个元素的相对含量并分析硫化过程的发生,我们还对硫化后的样品进行了 ICP-OES 测试。总结这两种表征的测试结果得出,以镍元素的含量为归一化标准,通过 XPS 和 ICP-OES 两种测试得到的 Ni : Co : S 的比值分别为 1 : 1.92 : 0.93 和 1 : 1.95 : 0.56,其中 Ni : Co 比较接近投料比的 1 : 2。但是,对于 S 元素,ICP-OES 的测试结果明显高于 XPS 的测试结果。我们认为,ICP-OES 的测试结果代表了样品中所有元素的比例,而 XPS 的表征结果只能说明被测试样品表层几个纳米厚度的物质信息,由于硫化后样品中总体的 S 元素相对含量明显低于样品表层中的 S 含量,所以我们可以得到这样一个结论,即硫化过程发生在纳米片的表层,并未深入到样品的内部,即发生了表面硫化。为了进一步说明这个结论,我们还将表面硫化后的样品在原位条件下进行 Ar 离子体轰击,剥离表面一层硫化层后再进行 XPS 的分析测试。通过原位轰击后可以看到,硫元素的含量显著降低,Ni : Co : S 的比值分别为 1 : 1.97 : 0.18。由于氢氧化物和硫化物的溶解度的巨大差异,S^{2-} 在室温条件下很容易交换掉氢氧化物中的羟基,从而实现表面硫化。

由于无定型的 NiCo 羟基硫化层的存在,M-S(M=Ni 和 Co)在 100 到 300 波数内的拉曼特征峰变得弱化和宽化。位于 443cm^{-2} 和 522 cm^{-2} 波数的两个拉曼峰分别对应于内部 NiCo 氢氧化物中的 Ni-O 和 Co-O 的振动峰。从拉曼图谱的分析可以知道,NiCo 羟基硫化层存在于样品的表面。上述高分辨透射电镜、(原位)电子能谱、ICP-OES 和拉曼表征结果都充分说明,室温快速硫化所形成的无定型硫化层仅仅存在于样品的表面。

我们对 NiCo-LDH 硫化前后的样品导电性进行了测试。首先,我们测量了这两个样品的在相同条件下的电阻,硫化前后两者的电阻分别为 286 000 Ω 和 130 000 Ω,硫化后样品的导电性得到了提高。电阻率(κ)与电阻(R)的换算公式为:

$$\kappa = L/(R \times A)$$

其中,L 和 A 分别为压实的样品厚度和横截面积。通过计算我们得到 NiCo-LDH@HOS 的导电率为 5.15×10^{-4} S/m,比未硫化的 NiCo-LDH 前驱体高出一倍(2.64×10^{-4} S/m)。这充分说明了表面室温快速硫化过程显著提高了材料的导电性。

我们还对硫化后的样品进行了比表面积及其孔分布情况进行了氮气吸脱附表征。可以看到其氮气吸脱附曲线为典型的Ⅳ型曲线，在压力为 0.4～0.8 之间有明显的回滞环，这说明样品中存在着介孔结构，通过内插图的孔分布曲线也可以看到，孔的尺寸都在介孔范围内。通过 BET 计算得到硫化后的样品比表面积为 94.3 m²/g。大的比表面积和介孔的存在将利于电化学过程中电催化剂与电解质的接触及电解质的传递。

硫化前后各个元素的高分辨 XPS 图谱中，NiCo–LDH 和 NiCo–LDH@HOS NSs 的 Co 2p1/2 和 Co 2p3/2 的结合能间距分别为 15.0 eV 和 15.8 eV。这说明在 NiCo–LDH 中，Co 主要以三价钴的形式存在，而经过表面硫化处理以后，Co 的价态降低，有部分 Co 变成了二价。NiCo–LDH 和 NiCo–LDH@HOS NSs 的 Ni 2p1/2 和 Ni 2p3/2 的结合能间距差别不大，都为 18 eV 左右，这说明硫化处理并不会对 Ni 的价态产生显著影响。这个现象可认为是 S^{2-} 具有更低的电负性，更容易被极化，从而可以调控邻近的金属离子（Co）的电子结构。NiCo–LDH 和 NiCo–LDH@HOS NSs 的 O 1s 谱变化也被研究。由于 S^{2-} 的极化效应，NiCo–LDH@HOS NSs 的 O 1s 的结合能降低了 0.4 eV。对于 NiCo–LDH@HOS NSs 的 S 2p 谱，位于 168 eV 结合能处的信号峰为硫元素结合了氧的结果。位于 160 eV 和 165 eV 结合能分为 Ni–S 和 Co–S 的信号峰。

2. 材料的 OER 性能表征

得益于制备得到的 NiCo–LDH@HOS 电催化剂具有超薄的纳米片结构、表面硫化层的高导电性和高稳定性，这些优点可促使其在电催化析氧反应中具有优异的表现。相应的电化学测试结果显示，NiCo–LDH@HOS 催化剂在三电极体系中的 LSV 极化曲线，电解质为 0.1 mol/L KOH。作为对比，为泡沫镍、NiCo–LDH 和商业 RuO_2 催化剂也在相同测试条件下进行相同的测试。得知 NiCo–LDH@HOS 催化剂具有更高的电流密度和更小的起始电位。在达到 10 mA/cm² 的电流密度条件下，Ni foam，NiCo–LDH，commercial RuO_2 和 NiCo–LDH@HOS 的过电势分别为：477 mV，346 mV，326 mV 和 293 mV，硫化后样品的过电势不仅比硫化前的样品降低了 53 mV，甚至比商业的氧化钌还要低 33 mV。在电位为 1.59 V（vs.RHE）时，NiCo–LDH@HOS 电极可以达到的电流密度为 86.5 mA/cm²，分别是商业氧化钌、原始 NiCo–LDH 以及泡沫镍的 6.1，5.5 和 35.5 倍。催化剂的动力学特性通过塔菲尔斜率（Tafel slope）进行评价。一般来说，越小的塔菲尔斜率更利于实际应用，这是因为其可以导致在增加相同的过电势会有更大的电流密度。NiCo–LDH，商业 RuO_2 和 NiCo–LDH@HOS 催化剂的塔菲尔斜率，分别为 87 mV/dec，102 mV/dec 和 72 mV/dec，这说明硫化后的样品比未硫化的 NiCo–LDH，甚至是商业氧化钌都有更好的动力学过程。为了进一步研究电催化析氧反应过程中的动力学，我们还测试了 NiCo–LDH 和 NiCo–LDH@HOS 电极的化学阻抗谱。NiCo–LDH 和 NiCo–LDH@HOS 的 Nyquist 曲线中，曲线与 X 轴的交点代表了反应体系的串联电阻（R_s），很显然，硫化后体系的内阻从硫化前的

5，38 Ω 降低到 3.53 Ω。同时，曲线的直径代表了电荷转移电阻（R_{ct}）只有 39 Ω，低于硫化前的样品。这说明硫化后改善的导电性极大地促进了电催化过程中的电子转移过程。

对 NiCo-LDH 的表面硫化过程不但可以提升材料的导电性，还能增大催化剂的电化学活性比表面积（ECSA）。ECSA 在电催化过程中是一个重要的参数，它可以由电极的双电层容量来度量。而双电层容量可以通过测量在非氧化还原电位区间的 CV 曲线中，电流密度与扫描速度的比值来计算。得到电位范围在 1.015 ～ 1.065 V（vs.RHE）区间内的硫化前后样品，在扫速分别为 1 mV/s，3 mV/s，5.7 mV/s 和 9 mV/s 下的 CV 曲线。通过其电流密度差值对于扫速的数据总结，我们可以看到，硫化前后样品的斜率分别为 3.24 mF/cm^2 和 5.38 mF/cm^2，因此在相同的电极面积情况下，硫化后样品的电化学比表面积增大约 66%。我们对硫化后样品 ECSA 增大的原因进行了分析。从 NiCo-LDH 和 NiCo-LDH@HOS 中 Co 和 Ni 的 XPS 测试中可以发现，由于极性硫元素的掺杂使金属的电荷密度适当降低，不但可以有效吸附电解质中的 OH$^-$，还促进了氧气产物的快速脱附。同时，硫元素的掺入还可以调节金属活性位点对反应中间产物的吸附能，促进 OER 进程的顺利进行。

而对于电催化剂的活性而言，TOF 值也是一个重要的评价参数。在本工作中，我们把全部的金属离子都视为活性位点，这样计算得到硫化后样品的 TOF 值分别为 0.008 s^{-1}，比硫化前的 0.0039 s^{-1} 高出了近一倍。但实际上并不是全部的金属离子都是活性位点，所以实际上的 TOF 值应该比现在的计算值更大。对于催化剂而言，其稳定性的长短在实际应用中是一个非常重要的参数。在本部分工作中，我们使用计时电位法对 NiCo-LDH，NiCo-LDH@HOS 和商业 RuO$_2$ 催化剂的寿命进行测试，测试时电流密度设定在 10 mA/cm^2，硫化后的 NiCo-LDH@HOS 催化剂在使用 62 h 后的过电势仅仅升高 2.6%，而相同条件下，未硫化的 NiCo-LDH 在 20 h 后过电势已经升高了 7%；商业 RuO$_2$ 催化剂在 10 h 后也升高了 3%。我们认为，正是由于硫化层的抗碱特点，起到了"盔甲"的作用，使其具有较长的寿命。

同时，我们还对制备的 NiCo-LDH@HOS 催化剂的电催化性能与目前报道的优异 NiCo-LDH 催化剂性能进行了对比。我们发现，通过简单的室温快速硫化就可以大幅提高催化剂的电催化活性和稳定性。

三、总结与展望

（一）总结

二维材料以其独特的物理化学性质引起了人们的极大关注，并在能源存储与转换中具有重要的潜在应用。金属氧化物基纳米片材料由于具有独特的二维结构、丰富的储量、环境友好等特点，在该领域中有着重要的应用前景。但是它也面临着诸如导电性差、稳定性不足等缺点。笔者主要围绕制约超级电容器和析氧反应中的瓶颈问题，通过形貌控制、缺陷工程调制以及表面改性等方法，理性设计了一系列高活性、高稳定性的金属氧化物基二维纳米材料，取得了以下几个进展：

1. 富含氧空位的二维 Co_3O_4 纳米片：通过液相化学法设计了一种厚度在 20 nm 左右的纳米片状材料，以此来提高电极材料的有效利用。同时采用液相室温还原法在其表面认为地创造丰富的氧空位，氧空位的存在使 Co_3O_4 禁带中增加了缺陷态，从而使其导电性提高了一个数量级。三电极体系测试中，这种富含氧空位的四氧化三钴纳米片用作超级电容器电极材料时，在 1 A/g 的电流密度下展现出 2 195 F/g 的质量比电容，相比于未还原的样品，其比容量提高了约3.6倍。电流密度增至 32 A/g 时仍有 1 591 F/g[1]。循环 3 000 次后比容量只衰减了约10%，显示出良好的循环稳定性。

2. 富含氧空位的二维 $NiCo_2O_4$ 纳米片：相比于单一过渡金属的氧化物，掺杂型的双金属氧化物由于其丰富的组成、离子间的协同作用和更高的导电性而具有优异的电化学性能。我们采用乙二醇作为溶剂和结构导向剂，通过水热、煅烧和液相还原制备了富含氧空位的钴酸镍纳米片状材料。三电极体系用于超级电容器性能研究，在 1 A/g 的电流密度下展现出 1 980 F/g 的质量比电容，相比于未还原的样品，其比容量提高了约 1.3 倍。电流密度增至 20 A/g 时电容可保持为 1 A/g 时的91.5%，展示出了优异的倍率性能并具有优异的稳定性。

3. 缺陷工程调制 $ZnCo_2O_4$ 纳米片：短时间煅烧的钴酸锌因为相对较差的结晶性，在作为超级电容器电极材料时具有更加优异的性能。同时，其作为一种严格意义的正尖晶石结构材料，OER 反应中，二价锌离子是化学惰性的，真正起催化作用的是三价钴离子。丰富的氧空位非常利于 OER 性能的提升。在 0.1 mol/L KOH 溶液中 10 mA/cm² 的过电势和塔菲尔曲线斜率分别为 324 mV 和 56.9 mV/dec，且在 10 mA/cm² 的电流密度下寿命可达 30 h，而相同测试条件下贫氧空位的钴酸锌的过电势和塔菲尔曲线斜率高达 427 mV，74.4 mV/dec。

4. 表面硫化的镍钴层状氢氧化物纳米片用于析氧反应：针对镍钴层状氢氧化物导电性和稳定性差的问题，我们通过室温快速硫化（30 s）的方法在其表面构造一层硫化物，具有良好导电性和稳定性的硫化物层起到了类似"盔甲"的作用，使其在 0.1 mol/L KOH 溶液中 10 mA/cm² 的过电势和塔菲尔曲线斜率分别为 293 mV 和 72 mV/dec，且在 10 mA/cm² 的电流密度下寿命可达 62 h，而相同测试条件下的商业氧化钌、镍钴层状氢氧化物以及纯的泡沫镍过电势分别为 326 mV，346 mV 和 477 mV。

（二）展望

针对钴基二维材料在能源储存与转换方面的应用开展工作，尚有较大的研究空间可以拓展。比如可以开展三元甚至多元的过渡金属化合物的设计与制备，并研究特定金属离子在电化学应用中的独特作用；在构造氧空位的同时，可以设计电负性不同的阴离子填充氧原子走掉后留下的空缺，进一步研究其对材料的电子结构的影响；对镂空 $ZnCo_2O_4$ 纳米片材料的结构畸变还需要更为深入和直观的表征；针对过渡金属LDH的表面改性，还可以考虑不同元素的共掺杂等等。而且，目前的工作尚未考虑构筑暴露特定晶面的纳米片材料，而晶面效应无论是在电化学还是传统催化里都具有重要的研究意义。针对这些不足，我们后续还会继续深入开展研究。

参考文献

[1] 杜曦，杜军，周锡兰．发现教学法在分析化学实验教学中的应用 [J]．实验科学与技术，2010, 8(4):79-80.

[2] 孔祥平，王娟，吕海涛．开放式分析化学实验教学模式研究 [J]．实验技术与管理，2011, 28(7):164-166.

[3] 李秀华．优化分析化学实验教学的探索 [J]．福建师大学报（自然科学版），2011, 27(3):30-33.

[4] 林太凤，罗云敬，郑大威．食品专业分析化学课程教学改革的实践与探索 [J]．中国教育技术装备，2013(12):86-87.

[5] 邓春艳，司士辉．浅析分析化学实验教学改革及学生创新能力的培养 [J]．广州化工，2011, 39(5):177-178.

[6] 袁瑞娟，黄建梅，段天璇，等．分析化学理论教学法探讨 [J]．药学教育，2011, 27(1):42-44.

[7] 谢洁．高职分析化学课程理实一体化教学改革的探索与实践 [J]．高教论坛，2013(11):111-113.

[8] 黄丹．浅谈化学计量学在分析化学中的应用及发展前景 [J]．今日科苑，2009(8):23-23.

[9] 张彤．化学计量学在分析化学中的应用 [J]．合肥师范学院学报，2014, 32(6):59-60.

[10] 顾雪凡，郑行望，郑莉，等．分析化学概念教学策略初探 [J]．中国大学教学，2012(8):63-65.

[11] 高先娟．检验专业分析化学教学改革的探讨 [J]．检验医学与临床，2013(18):2490-2492.

[12] 申琦，杨喜平．浅谈在分析化学教学中实施科学创新教育 [J]．内江科技，2010, 31(4):38-38.

[13] 梁金虎，罗林，唐英．分子印迹技术的原理与研究进展 [J]．重庆高教研究，2009, 28(5):38-43.

[14] 王颖，李楠.分子印迹技术及其应用 [J].化工进展，2010, 29(12):2315-2323.

[15] 肖华花，刘国光.分子印迹技术在环境领域中的应用研究进展 [J].化学通报，2009, 72(8):701-706.

[16] 丁鹏，李宗周，汪庆，等.分子印迹技术在传感领域中的研究及应用进展 [J].化学世界，2011, 52(3):178-183.

[17] 孙寅静，罗文卿，潘俊.蛋白质分子印迹技术的研究进展及应用前景 [J].药学学报，2011(2):132-137.

[18] 李莉.分子印迹技术在药学中的应用 [J].华北理工大学学报 (自然科学版)，2010, 32(2):87-89.

[19] 杨苏宁，丁玉.分子印迹技术的研究进展及其在分离中的应用 [J].山西化工，2011, 31(4):30-32.

[20] 龚雪云，张磊，缪娟.分子印迹技术在中药有效成分提取分离中的应用研究进展 [J].中国药房，2012(19):1813-1815.

[21] 李津津，黄燕，杨德草.毛细管电泳技术在中药研究方面的应用情况分析 [J].当代医药论丛，2014(4):147-148.

[22] 王百木，刘昌云.毛细管电泳技术在食品检测中的应用 [J].中国调味品，2011, 36(7):24-31.

[23] 倪莹.论毛细管电泳技术的应用 [J].中国科教创新导刊，2009(4):82-82.

[24] 吕勇.高效毛细管电泳技术在中药分析中的应用进展 [J].海峡药学，2010, 22(4):58-59.

[25] 刘青青，贾丽.毛细管电泳技术在氨基酸分析中的研究进展 [J].分析测试学报，2009, 28(1):123-128.

[26] 尚华.情境教学法在分析化学课程中的应用 [J].中国职业技术教育，2013(5):90-91.

[27] 陈曦，唐冰雯，周宏兵.共振光散射技术在药物分析中的应用 [J].广东药学院学报，2010, 26(2):205-208.

[28] 陈展光，谢非，蒋文艳，等.共振光散射技术测定地表水中阴离子表面活性剂 [J].中国环境监测，2009, 25(4):35-38.

[29] 李龙川.等离子共振光散射技术在食品安全检测中的应用 [J].中小企业管理与科技 (上旬刊)，2010, 2010(2):234-234.

[30] 段辉，刘兰，刘振林，等.基于共振光散射技术的生物化学和分析化学检测方法研究 [J].西北民族大学学报 (自然科学版)，2015, 36(2):30-35.

[31] 黄聪思.解析共振光散射技术在无机分析中的应用 [J].科技与企业，2013(8):343-343.

[32] 于军晖，马铭 . 共振光散射法测定三聚氰胺 [J]. 光谱实验室 , 2012, 29(2):001265-1267.

[33] 高向阳，高桂雅，孔欣欣，等 . 共振光散射法快速测定食品中痕量铅 [J]. 粮油食品科技 , 2014, 22(2):76-79.

[34] 董微，王莹，宋有涛，等 . 荧光碳点共振光散射法测定核酸的应用研究 [J]. 化学试剂 , 2013, 35(2):000147-152.

[35] 李艳坤 . DNA 与蛋白质结合的共振光散射研究及应用 [J]. 河北大学学报 (自然科学版), 2011, 31(5):502-507.

[36] 文翔昊，李冲，郭露，等 . 共振光散射法测定生物样本脱氧核糖核酸的含量 [J]. 广东化工 , 2014, 41(22):146-147.

[37] 崔卓兰，宋慧宇 . 论我国食品安全监管方式的多元化 [J]. 华南师范大学学报 (社会科学版), 2010(3):17-22.

[38] 陈季修，刘智勇 . 我国食品安全的监管体制研究 [J]. 中国行政管理 , 2010(8):61-63.

[39] 刘俊海 . 论食品安全监管的制度创新 [J]. 法学论坛 , 2009, 24(3):5-10.

[40] 刘任重 . 食品安全规制的重复博弈分析 [J]. 中国软科学 , 2011(9):167-171.

[41] 陈君石 . 食品安全风险评估概述 [J]. 中国食品卫生杂志 , 2011, 23(1):4-7.

[42] 孙贝贝，房文红 . 高效液相色谱技术在食品检测中的应用 [J]. 安徽农业科学 , 2010, 38(35):20454-20456.

[43] 孙钦秀，陈倩，孔保华，等 . 高效液相色谱技术检测食品中生物胺的研究进展 [J]. 食品工业 , 2014(12):193-198.

[44] 张杰，夏菲 . 高效液相色谱技术在食品检测中的具体应用 [J]. 食品安全导刊 , 2017(24):67.

[45] 梁智安，周骏 . 高效液相色谱技术在食品着色剂分析中的应用与发展 [J]. 轻工科技 , 2016(10):3-4.

[46] 甘宾宾，汤艳荣，蒋世琼 . 高效液相色谱 - 质谱联用技术在食品安全中的应用及进展 [J]. 化工技术与开发 , 2009, 38(12):33-37.

[47] 孙会敏，田颂九 . 高效液相色谱法简介及其在药品检验中的应用 [J]. 药学研究 , 2011, 30(1):38-42.

[48] 张丽丽，刘威生，刘有春，等 . 高效液相色谱法测定 5 个杏品种的糖和酸 [J]. 果树学报 , 2010, 27(1):119-123.

[49] 宋学英，杨华，赵逸松，等 . 高效液相色谱仪的应用分析 [J]. 中国医学装备 , 2015(1):29-31.

[50] 丁伟 . 基于"认知冲突"的化学知识建构 [J]. 上海教育科研 , 2009(9):93–95.

[51] 邓阳 , 王后雄 . 论化学知识的教育价值 [J]. 中学化学教学参考 , 2013(9):19–22.

[52] 刘涵格 . 分析化学知识在现代医学中的应用 [J]. 祖国 , 2017(23):269–269.

[53] 屠闻文 . 分析化学理论课和实验课教学的有效结合 [J]. 大学教育 , 2013(22):104–105.

[54] 万雯昕 . 分析化学教学法探究 [J]. 中国化工贸易 , 2013(4):394–394.

[55] 段卫东 , 苏莉娜 . 无机化学在分析化学教学中的渗透 [J]. 职业技术 , 2011(6):73–73.